音频书
Audio Book

与青春谈谈心

睡 前 聊 一 会 儿

人民日报评论部◎著

人民出版社

责任编辑：洪　琼

图书在版编目（CIP）数据

与青春谈谈心：睡前聊一会儿：音频书／人民日报评论部 著．

北京：人民出版社，2024.7. --ISBN 978－7－01－026652－7

I. B821-49

中国国家版本馆 CIP 数据核字第 20243ND217 号

与青春谈谈心

YU QINGCHUN TANTAN XIN

——睡前聊一会儿（音频书）

人民日报评论部　著

人 民 出 版 社 出版发行

（100706　北京市东城区隆福寺街 99 号）

北京汇林印务有限公司印刷　新华书店经销

2024 年 7 月第 1 版　2024 年 7 月北京第 1 次印刷

开本：710 毫米 ×1000 毫米 1/16　印张：20.25

字数：330 千字

ISBN 978－7－01－026652－7　定价：59.80 元

邮购地址 100706　北京市东城区隆福寺街 99 号

人民东方图书销售中心　电话（010）65250042　65289539

卷首

给世界以印记，给时间以意义

日历又翻到了最后几页，街头新年的气息已扑面而来。伤春悲秋，惊心物候，从来都是文学的母题。面对永恒的时间，作为有限的生命个体，怎能不有所感有所思？就比如在这辞旧迎新的时刻，再读《倚天屠龙记》开头这段话——"花开花落，花落花开。少年子弟江湖老，红颜少女的鬓边终于也见到了白发。"不免有了惊心动魄之感。

好在，人是万物的尺度。雕刻时光的，是人的精神。翻开一篇篇睡聊，就如同翻开一个个时代的断面，翻开一段段心灵的小史。我们为久违的人间烟火气赞叹不已，为网红城市、进淄赶"烤"出点子，希望让温暖持续、蔓延。我们关注年轻、时尚和新事物，也把目光投向了哽都养老院、跳水大爷，用"给妈妈买衣服""返程的行李箱"和"与父母远游"，探讨亲密关系如何处理时间带来的隔膜。我们请暴雨中挺身而出的"爱哭包"列车员来诉衷肠，为"用双脚锤击大地"、把汗水酿成诗篇的外卖小哥喝彩。世界有时候是坚硬的，但即使是凡人微光，每一次或不自量力或奋不顾身地出手，都可能给世界以印记，给时间以意义。这一次次的出手，出现在年底各大平台的回顾视频里，成了一个个"好哭"的片段，"中国人透在骨子里的温柔"，温暖了寒冬，也温柔了岁月。

这一年，我们把更多关注给了年轻人。变局向纵深演化，选择无处不在，而且愈加紧迫。年轻人心灵新鲜，身段灵活，锚定变化作出改变，纵浪大化总是能得风气之先。从某种意义上说，他们的身上，有生机、有曙光，有打开未来之门的钥匙。在睡聊这方小天地里，我们看到年轻人努力生活的样子。喝 9.9 元的咖啡"续命"，来一杯竹筒奶茶悦己，给自己买一束花，点"一人食"外卖，享受片刻的自由与孤独；或是寻找饭搭子、话搭子、健身搭子，一起拥有一次"恰到好处的陪伴"，一起探寻不太近也不太远的关系边界；甩掉高跟鞋、披军大衣穿花袜子、下涌商场 B1 和 B2、逛量贩零食店，买剩菜盲盒，跟消费主义轻声说不，转身拥抱性价比；阳台上开"迷你农场"、上夜校学艺、到健身房美体、去博物馆打卡，进社区图书馆攻读，闲暇时来一段"Citywalk"（城市漫步）……美好在近处、生活在当下、人生向内求，年轻人的改变一直在发生，这是一种沉潜，一种蓄势，是一种暗自生长的力量。谁能抚平成长的烦恼、满足旺盛的需求、解决掉前进的障碍，谁就能把握住产业发展的新动向，把握住社会发展的新趋势，让治理和服务升维，让创新和创造涌流，让年轻更有力量，让世界更多可能。

前不久，"汉语盘点 2023"，国内年度汉字给了"振"字。"振"是个充满正能量的好字，按古书释字，有奋起的意思。向上攀登总是艰难的。国家在爬坡过坎中前进，我们遇到了很多困难，但步伐坚定、足音铿锵，没有什么能够动摇一个古老国度迈向现代化的信心与决心。也正如大时代的你我，修一双慧眼、炼一身本事，相信未来、深耕当下，待得人生航船驶入开阔水域，也必如李白一般仰天大笑："轻舟已过万重山"。

关于时间的流逝，最经典的还是孔夫子那句"逝者如斯夫，不舍昼夜"。仔细琢磨，这里有时不我待，更有生生不息。2024正呼啸而来，让我们走上前去。而睡聊，会一直在，陪你一起解码时代，守护美好，一起把日子过出仪式感。

目　录

成　长   265

消

费

"十元店",真的买不了吃亏、买不了上当?

"十元十元,一律十元。"不知屏幕前的你,对过去街头常见的十元店还有印象吗?从文具、厨具,到小电器、化妆品,各种日用小商品在这里集中码放,路过随手挑上几样也花不了多少钱。如今不少商场里,一种升级版的"十元店"正在加速布局。琳琅满目的饰品,相对低廉的价格,一家家饰品店正吸引消费者驻足解囊。有人表示:小时候拒绝不了十元店里耳环的我,长大了还是会乖乖走进网红饰品店。

如果说过去的十元店"什么都卖",那么这些新兴饰品店则深耕垂直领域,将潜在消费对象对准了年轻人和女性群体。时下,时尚穿搭在各平台广泛传播,饰品不再局限于正式场合保持优雅、象征身份的金银珠宝,锆石、合金乃至塑料饰品也成为很多人日常搭配的选择。宽松衣服配细腰链,短发搭配小巧精致耳环,就连运动装也可以搭上一条街头风项链,饰品正在成为很多人的生活必需品。为了营造氛围感，不需要纠结于材质、品牌，只要外观合适、"戴个样子"就行，这些都为饰品店走红奠定了需求端基础。

与此同时，新兴饰品店深谙消费者心态，大大提升了购物体验。不同于十元店的杂乱无章，饰品店分类精细，帽子、手链、发箍等小品类摆放合理，有的甚至在耳环中区分耳夹款和耳骨夹款，任君挑选；不同于十元店的狭窄逼仄，不少饰品店面积较大、动线设计复杂，为慢慢逛、慢慢挑提供可能；不同于十元店的简易装修，这些饰品店设计精心，以简约的纯色背景、仔细设置的镜面和灯光，让前来拍照打卡的年轻人轻松"出片"。在消费的同时满足社交需求，饰品店成为网红店也在情理之中。

近来，从平价饰品店，到线上一元店，低价小商品零售店似乎又有复苏之势。只是正如有人所说："几元店赛道"已经悄然完成了几次"换血"，不同于当年光景。不过，对于消费者而言，变化的是店面，不变的是便宜。无论是真的"十元"，还是几元、几十元不等的均价，纵然商家同样能从中获得不小的盈利，但看似低廉的价格始终能对消费者形成吸引力。不需要货比三家，不需要精挑细选，不需要团券优惠，合适就买，任意采购，哪怕买错了也不用更换，哪怕只用一次也不可惜。这些快消小商品为人们解决了不少生活小难题，更为不少消费者带来了易得的快乐与满足。

前几年，"消费降级"的话题曾引发人们广泛讨论，沉迷"十元店"是否是消费降级呢？事实上，随着生活水平提高，人们将更多收入用于满足社交、审美等更高层次消费，购买网红饰品也是体现之一。另一方面，追求物美价廉而不买贵比阔，恰恰是消费观念升级的表现。从供给角度看，充分发展的消费市场必然会带来更丰富的供给渠道、形成更充分的市场竞争，小商品行业推陈出新，实现商家、顾客双赢，也为消费升级创造了条件。

但必须看到，购买"小东小西"常常与冲动消费、即兴消费相伴随，看似便宜的物件也可能一点一点榨干你的钱包。在鲍德里亚描绘的消费社会中，一件商品会与其他相关商品形成紧密的诱惑链条，诱导人们不断消费，同时束缚我们的生活。的确，买衣服就会想到搭配的饰品，买饰品就要考虑合适的美妆，一系列商品共同形成了符号价值，使得人们一买就"停不下来"，有时甚至忽略了真正的需求。而在时尚潮流和低廉价格的作用下，不少商品成为"一次性"或"日抛"进而产生的过度消费和浪费现象，也值得警惕。

时下，小商品零售业朝着打造品牌、创新款式、优化供应链的方向一路前行。对于消费者而言，消费理念也需适应市场变化。重新反思"十块钱，买不了吃亏，买不了上当"的口号，我们或许会发现：十元店给人们带来的可能是"喜欢就能买"的魄力，也可能是"杂物积如山"的混乱、"用一次就扔"的窘境。毕竟，低价与其说适应了消费需求倒不如说是驱动了消费欲望，而忽略需求的购买，哪怕再便宜也不值。

这正是：

十块钱，又不多，买不了房子买不了车，旅游也到不了莫斯科；

十块钱，随便作，有用没用堆满了"窝"，再大的房子也没处搁。

（文 I 田卜拉）

这届年轻人，为何迷恋起了攒「金豆豆」？

"小小年纪体会到买金的快乐""就像攒硬币一个一个攒"……最近，以"金豆豆"为主的"1克金"商品走红，每月攒一颗"金豆豆"成为不少年轻人投资的"小目标"。

曾几何时，说起买黄金，可能很多人都会想起"中国大妈"。每当金价出现波动或是春节来临之际，各大商场的黄金柜台前总是少不了她们的身影。一些人印象中的黄金饰品总是与亮闪闪的"大金镯子""大金链子"相关联，高饱和度的视觉冲击加上足够广泛的消费人群，黄金消费一度被打上"有点土""不够时尚"的标签。从这个意义上说，买黄金似乎与年轻人的调性并不相符。

然而近年来，这种情况逐渐发生了转变，越来越多年轻人加入到黄金消费的队伍中来。除了最近走红的"金豆豆"以外，"复古国潮款""转运珠""金钞"等新式黄金饰品也备受年轻人的青睐。有媒体报道称，2021年12月以来，某电商平台上黄金饰品的订单数同比增长近八成，其中，"80后""90后"和"95后"黄金饰品订购数同比分别增长约 72%、80% 和 105%。

这届年轻人为何迷恋起了攒"金豆豆"？一个可能的答案是，黄金的保值属性一定程度上能缓解年轻人的投资焦虑。有网友半开玩笑半认真地说，黄金是在超新星爆炸、中子星合并中形成的金属，在经过漫漫长夜后与地球相遇，是恒星亘古的余晖，堪称"宇宙级硬通货"。把目光从史诗拉回现实，当股票、基金和一些理财产品收益出现波动时，寻找更加稳妥可靠的投资渠道是自然而然的选择。而相比一些金融和理财产品的"跌宕起伏"，"中规中矩"的黄金或许更能体现出稳定保值的价值，获得年轻人的欢迎也就在情理之中。

不仅如此，攒"金豆豆"也契合年轻人的投资习惯。对于初入职场、积蓄不够丰厚的年轻人来说，几十克、上百克的投资金条可能并不友好。1 颗"金豆豆"的重量在 1 克左右，按照目前的金价计算，售价大概在 400 到 500 元，每月买 1 颗"金豆豆"对一些年轻人来说压力不大，"攒金豆"也被不少人视作"变相存钱"。此外，由于采用了全新的制作工艺、新颖的设计等原因，目前不少新式黄金饰品样式更丰富、颜色更好看，戳中了不少年轻人的审美，改变了人们对黄金饰品的固有印象。社交平台上的分享传播，进一步带动了年轻人的消费投资热情。

不过，跟风式理财不可取，在投资理财领域，理性和谨慎是更为重要的品质。以"金豆豆"为例，与投资金条一样，"金豆豆"本质上也是一种实物黄金。在投资实物黄金时，投资者不仅要重点关注金价的波动，也要注意黄金成色、购买渠道和保存条件，以及商家对黄金的回购要求等情况。在选择理财产品时，更要全面考虑收益率、抗风险能力、赎回条件等因素。总之，无论采取何种理财方式，包括年轻人在内的所有投资者都应该守好自己的"钱袋子"，不断提高自身"财商"，作出理性的投资决策，切勿盲目跟风。

从只会把钱放在银行卡里拿利息到主动了解种类丰富的金融和理财产品，在互联网中成长起来的年轻一代对于理财无疑也抱有更加开放积极的探索心态。但如果笃定"跟着别人买就对了""哪个销量好就代表哪个能赚钱"就贸然入场，很有可能达不到预期的目标。"理财有风险，投资需谨慎"，绝不仅仅是一句口号，所有投资者都要时刻牢记。尤其是在地铁站或者公交站台看到铺天盖地的理财广告时，更要在心里多默念两句这句话。

这正是：

跟风理财不可取，谨慎理性少焦虑。

（文 l 葛孟超）

最近，作为某餐厅随餐赠品的可达鸭玩具"火出天际"，成为许多人的快乐源泉。看似幼稚的玩具，会随着魔性音乐摇摆身躯、双手交替上举，人们就此开发出新玩法：或给它穿戴不搭调的服装道具，或将其双手粘上纸片、亮出"我要减肥"等字样，平添了几分喜感。

可达鸭到底"何许鸭也"？事实上，该形象出自二次元大 IP"精灵宝可梦"，是海量精灵中的一种。有人说可达鸭的原型是鸭嘴兽。相较于大名鼎鼎的皮卡丘，可达鸭虽是配角，其存在感却不容小觑。动画中的它，颜值、能力均显平庸，既不会游泳，还常常头疼健忘；但也正是它，每每忠心护主，爆发潜能，立下奇功，逐渐成为主人的"心肝宝贝"，也俘获了不少粉丝。

可达鸭爆红，看似莫名其妙，实则大有门道。可达鸭身材圆滚、嘴巴扁长、头顶翘毛、眼神呆滞的可爱呆萌形象，可谓独树一帜。而且，纵观可达鸭的"鸭生"，既充满平凡，也充满逆袭，既有磨难和烦恼，也不乏幸运和快乐。对于资深粉丝而言，可达鸭的形象颇具几分现实意义，让人在娱乐休闲之余，顺带思考友情亲情、人生际遇等话题。当然，对于众多"路人粉"而言，可达鸭的"鸭生"或许无关紧要，外表呆萌、带来快乐，便已足够。

扩大受众群体，满足分众需求，可达鸭的东家——精灵宝可梦向来深谙于此。据统计，精灵宝可梦相关版权方通过售卖产品、衍生授权所获利润，超过了米老鼠、星球大战、漫威电影，成为影视动漫游戏类最吸金的IP。从创作伊始的电子游戏，到后来衍生出的动漫、玩具、卡牌，再到近年风靡一时的AR游戏、真人电影，这些差异化产品满足了受众的多层次需求：既可以浅尝辄止，快餐式地消费一件件独立的产品，收获一份份纯粹的快乐，也可以沉浸式领略其中的故事，乃至思考人与动物、人与自然、人与社会等严肃议题。

一个好IP绝不是完成了的角色，而是开放性的文本。此前我们曾聊过走出迪士尼乐园的玲娜贝儿，此次走红的可达鸭玩具同样彰显出独特的传播方式、强烈的社交属性。当它被人们玩出花样，当它频繁出没于朋友圈中、在裂变式传播中迅速成为人们热议的话题，意味着IP价值得到二次挖掘，知名度"出圈"，随之而来的商业利润也十分可观。消费者获得精神愉悦，销售者获得经济收益，两全其美，何乐而不为呢？

"鸭红是非多"，可达鸭玩具走红的同时，也出现了门店"一鸭难求"、线上代吃代购、黄牛囤货加价、食品只买不吃等乱象，引发不小争议。要看到，商家利用IP影响力，推出有话题、受欢迎的产品，是一种常见的营销策略，有助于优化品牌形象、更好吸引消费。但好营销必须依托于好产品、好服务。如果配套服务跟不上，只会让消费者失望，让品牌蒙羞。据悉，相关商家已经回应，将紧急调配产品，争取满足消费者的需求。这也警示相关企业：借用 IP 之力扩大影响，不能只盯着经济效益账，也要算好社会效益账。

作为可达鸭的粉丝，消费者也应理顺心态、理性消费。仔细想来，喜欢可达鸭，不正是喜欢它所代表的那份快乐？如果为了抢货不惜高昂代价，那这份快乐不就失去纯粹、大打折扣了？从这个意义上说，回归消费初衷，拒绝盲目跟风，可达鸭所代表的心无杂念、天真快乐才能常存我心。

这正是：

网红可达鸭，长得萌萌哒。

纷扰且丢下，快乐你我他。

（文｜刘念）

商场的尽头是食堂？

不知从何时起，逛商场成了不少人的一项饭前热身运动。过去，逛累了才会找家餐馆歇脚吃饭，如今是趁着餐前取号等位或饭后消食遛弯的空当儿顺便逛逛商场。2022年一季度，广州、杭州、青岛、东莞等地重点购物中心的新开门店中，餐饮业态数量均超过了零售，占去半壁江山。当吃货人数超过了买家，烟火气盖住了香水味，不少网友感慨，时髦商场终成美食城。

逛吃逛吃，"逛"为主还是"吃"优先？在以前，这个问题的答案显而易见。彼时品牌旗舰店里人头攒动，零售业态牢牢占据主导，餐饮只能作为补充业态委身于商场顶层或地下边缘位置。如今不过几年工夫，商场俨然变成了美食城，顾客不管走到哪一层，累了都能就近走入一家餐馆坐下。天南地北的连锁餐厅相邻而立，甜品店里的年轻情侣成双成对，甜蜜分享着同一份奶油刨冰，网红店的排队长龙已成常态，甚至中午取号只能吃到晚饭……相比于琳琅的商品，似乎每一层楼升腾的人间烟火和弥散的食物香气更能吸引顾客驻足光临。

餐饮业态何以抢得"C位"？有人归因于处于衰落趋势的商场，需要借助餐饮才能"支棱"起来。然而，数据显示，2021年全国实体店消费品零售额达332781亿元，同比增长12.7%，其中百货店和专卖店零售额比上年分别增长11.7%和12.0%，实体零售业态韧性依然强劲。由此可见，商场拥抱餐饮业态，未尝不是主动适应市场格局变化的顺势而为。如今的商场，健身房、亲子乐园等线下体验业态已成标配，汽车品牌体验店纷纷进驻，与美食一道为传统商业注入休闲生活功能。从零售购物中心转型为生活化休闲中心的进程中，与日俱增的餐饮店无疑是观察商场沉浸式体验业态蓬勃发展的最佳窗口之一。

商场需要餐饮业，餐饮业也需要商场。毕竟，商业要以满足消费者需求为鹄的。在"吃货经济"火热的当下，商场无疑希望通过餐饮"引流"分一杯羹，而城市街面的规范化管理恰为商场转型提供了契机。过去，招商的高门槛令人望而却步，屈指可数的几大餐饮品牌独当一面，既价格不菲，又缺乏新意。如今，原本高大上的商业综合体放下身段、敞开怀抱，降门槛、减租金、推补贴，不少传统小吃撤摊进店，从街头小馆跻身百货商场，从烟熏火燎变为明厨亮灶，吸引饕客由街头转至商场。一些商场还利用集群集聚优势打造共享餐厅，为逛吃一族提供一站式服务，一店吃遍全mall让众口不再难调。高中低档各安其位，南北名吃一应俱全，差异化发展策略满足了更多人的消费需求。

商场业态因"吃"而不断变化，人们对"吃"的态度也悄然改变。当美好生活需要与日俱增，吃饭不再是单纯的饱腹行为和打牙祭的"口舌之快"，愈发成为情感联结的社交场景。线上零售无所不在，外卖下单一键可达，但聚餐还得上门到店来吃才有味道。集逛吃于一体的商场作为聚会的最佳赏味区，助推外出就餐频率持续走高，不仅折射了消费升级的新趋势，更彰显了永远不变的人间真情。人们纵然可以通过互联网完成工作生活的种种事项，但终究抵不过三五好友把酒共欢、阖家团圆共享美味的亲切热络。

资源跨界合作拓宽经营赛道，复合空间带来全新消费体验，在万物皆可"跨界"的时代，跨行业、跨品类、跨渠道的餐饮新场景不胜枚举。在商场拥抱餐饮的同时，边读边吃的"书店＋餐饮"、边买边吃的"超市＋餐饮"、边唱边吃的"KTV＋餐饮"等新业态层出不穷，借助美食"出圈"、和餐饮深度绑定已成为众多实体店的共识。即便是远离城市的高速公路服务区，各大餐饮品牌也在加速进驻，从古代的"适千里者，三月聚粮"，到后来的端着泡面接开水，再到如今不下高速即享美味，舌尖上的流动中国成为餐饮跨界的鲜活注脚，而美食引领的业态融合才刚刚开始。

两组数据耐人寻味：2021 年，全国餐饮收入 46895 亿元，同比上涨 18.64%，占社会消费品零售总额的 10.6%。餐饮收入增速跑赢 GDP 增速和社会消费品零售总额增速，成为拉动经济增长的强劲驱动力。但据另一项统计，中高收入国家平均每 268 人拥有一家餐馆，目前我国约 2000 人拥有一家餐馆。这也说明：中国的餐饮市场远未饱和。所以，先别忙着为"商场的宇宙尽头是食堂"而惊奇，或许下一个与餐饮相关的新业态更超乎你我想象。

这正是：

商场食堂化，消费新体验；

跨界促融合，业态更多元。

（文 | 戴林峰）

心情痛不痛？要看价格贵不贵，也要看商品值不值

前不久，我们聊过《雪糕刺客 VS 雪糕护卫，你需要怎样的"雪糕自由"?》的话题。没想到，聊友们纷纷表示，还被更多品类的商品伤过。有的伤到只敢在线上买水果，有的被按"克"称的路边摊花茶掏空了口袋，有的为了十几颗糖果支付了数百元，还有的为包装纸付出了高价……受伤的不只是心理，更是钱包。

商品市场，货真价实本应是常态，一手交钱、一手交货也应是常理。然而越来越多人发现，现实给自己"狠狠上了一课"，很多印象里"可以随便买、随便吃、随便用"的东西，不经意间让人"高攀不起"。普通的雪糕、寻常的小吃、简单的饰品、不起眼的糖果……挑挑拣拣的时候有多痛快，结账掏钱的时候就可能有多痛苦。或是碍于面子，或是强颜欢笑，许多人一咬牙、一跺脚，掩饰着自己颤抖的手、流血的心。只不过，当时的果断决绝迟早变成过后的捶胸顿足。这是"痛的领悟"，也是"伤不起的心情"。

平心而论，价值是价格的坚实支撑，也受到供求关系的影响。物以稀为贵。近年来，随着生活水平持续提高，消费水准不断升级，一些人心甘情愿为心仪的商品支付溢价。与此同时，从提高科技附加值到提升用料质地，从私人定制满足个人需求到限量生产增加产品标识，不少企业把目光瞄准高净值人群，在高端化品牌、高品质产品上下功夫，助推部分商品价格走高。某种意义上来说，这样的趋势反映了更高生活水平的追求，也代表着生产技术和生产能力的发展。

但是，"高价"要与"高质"画等号。无论如何"高端"、不管怎么"稀有"，好品质才是好产品最大的底气，才是高价格最强的依仗。如果一款产品只靠光怪陆离的促销噱头、概念包装赚取流量、牟取暴利，却无法让消费者发自内心认可其内在的价值，久而久之就会让人产生"价高质低"的质疑。这种"价质背离"的产品，非常容易遭到舆论的"聚光"、流量的"反噬"，最终为消费者所抛弃。

事实上，除了性价比刺痛很多人的心，"商品标价不够清晰和显著"也引起诸多不满。一些商家利用模糊的价格策略销售商品，或者将单价按照克数来标记，利用消费者多数看标价、很少注意计量单位的习惯，冷不丁地"刺"消费者一刀；也有商家的价签和产品不对应，等消费者挑好商品付款时，无意中就陷入高消费的圈套；还有商家"无论用户要多少，一铲子铲到底"，与消费者进行"面子博弈"……种种"套路"，无疑都增添了消费者苦涩的消费体验。

建立商品的良好信誉和口碑，理应是商家、企业的执着追求，一时的利益终究不是长远之计。但良好的信誉和口碑从来不是一蹴而就的，它需要对产品的用心、对品质的执着、对需求的洞察、对消费者的尊重。如果只想着短期营收，或者只做一锤子买卖，商业信誉迟早会流失乃至消失。

对于消费者而言，面对定价明显超高的商品，也应该有理直气壮"嫌贵"的勇气。正像有些网民所说，"贵价商品就像人生，拿得起也要放得下。"各种商品"刺客"固然防不胜防，但只要消费者够理性，遇到"刺客"勇敢地说不，该退就退、当止即止，那些"刺客"终究会在热潮过后黯然消逝。

这正是：

刺客商品引众议，价格品质不相匹。

商家必须重信誉，顾客买时多留意。

（文 | 宋静思）

017

最近,在中小学生们中间,一款名为"萝卜刀"的玩具火了——上甩出鞘,下拉归鞘,伴随着机械结构的"啪嗒"声,刀刃收放自如。除了基础款,不少萝卜刀还有了"进化版",出现了夜光萝卜刀、闪光萝卜刀、萝卜手指以及长达40厘米的超大号萝卜刀等,甚至还有萝卜刀枪、萝卜刀梳子。多家购物平台和学校附近的文具店内,萝卜刀的销量惊人,不少商品网络单月销量超10万。看似"平平无奇"的萝卜刀,为啥一夜之间成为全国各地中小学生的统一"社交货币"?

各种社交平台上,不少人对于萝卜刀的一夜风靡感觉不解。实际上,学生群体内的"流行"本来就是一件很难预测的事情。回忆起以前,每隔一段时间,总有一款新鲜玩意成为大家伙儿的"心头好"——古早时期的跳皮筋儿、丢沙包、5分钱两本的小人书;20世纪90年代的翻花绳、玩弹珠、红白机里吃蘑菇的"超级玛丽";千禧年的街机游戏、芭比娃娃、椭圆机身中像素叠加的电子宠物……层出不穷的游戏与玩具，串联起童年时期亲密无间的友情与自由纯粹的欢乐，亦如涓涓细流汇聚成漫漫人生长河中的治愈片段。在没有互联网加持的年代，身处校园内的孩子们总有一种"人传人"的高效默契，短时间内就能在天南海北实现审美等诸多方面的高度统一。

从心理学上看，"从众"是一种普遍现象，尤其对于心智发育尚未成熟的孩子们而言，周遭环境及伙伴的影响力更强。进入e时代，在短视频等推动下，萝卜刀们的流行更是势如破竹。抛出"萝卜刀"三个字，就能立刻打开孩子们的话匣子，比2022年唱《孤勇者》还好使；有老师课间随机抽查小学生，在他们面前手一摊，每个人都老实掏出自己的萝卜刀。哪怕是自诩自律克制的成年人，也时常为"乱花渐欲迷人眼"的全球首发、独家联名、盲盒潮流掏空了腰包、挖空了心思，更何况是涉世未深的中小学生们。在最热衷于游戏的童年时代追捧某种玩具、体验课余放松，本就无可厚非。但如今围绕萝卜刀，为何颇有争议？主要在对于其安全隐患的担忧以及是否会有传播暴力倾向的风险。

目前在市面上，萝卜刀的刀刃一般都是塑料钝头，上面标有"3岁+"的年龄标识，"武力值"不强；但也有不少版本的萝卜刀刀刃较薄，容易造成划伤，还有一些萝卜刀刀刃出鞘后长度较长，稍不留神容易甩伤他人。事实上，近期各地也发生了多起"萝卜刀伤人"事件。相比于萝卜刀可能造成的物理伤害，一些老师和家长更担心的则是萝卜刀背后可能含有的暴力元素。点开网络上的一些热门萝卜刀短视频，其中不乏传授玩法的内容。其中刺人玩法是主要的玩法之一，视频里的不少大人、小孩见物就戳。由此，一些家长生怕孩子间的玩乐演变为"兵器总动员"。对于忽然火起来的萝卜刀，首先要关注的，就应该是这些问题。

要知道，孩子们的游戏并非儿戏，对于儿童玩具安全的监管更不容忽视。一段时间以来，针对玩具存在的安全问题，监管力度不断加大。不久前，市场监管总局印发通知，部署在全国范围内开展2023年儿童和学生用品安全守护行动，重点关注玩具产品化学危害、物理危害、可燃性危害等问题。为玩具上好"安全锁"，为孩子们上好"安全课"，才能让孩子们的玩具与游戏更为"有意思""有意义"，在稚嫩的生命年华中，与更多欢乐美好相遇。

一个时代的儿童游戏文化可能会影响一代人的精神品质。选择合适的玩具，有益于儿童的智力发育和身心健康成长。随着时代的发展，新出现的玩具更加精巧别致，带给孩子们更大的新奇感；而与此同时，家长们也普遍希望，玩具在带给孩子们快乐之外，能让孩子们从中收获更多健康向上的力量，也只有这样的玩具才能更持久，成为真正的经典与回忆。

从长远看，在孩子们的流行玩具谱系中，萝卜刀大概率也将会是"过眼云烟"。不过，围绕"萝卜刀"的争议倒是能够成为家长和学校普及安全知识的一个契机，在"不扫兴"的前提下，同孩子们"约法三章"，例如不能把萝卜刀带去学校、不攻击他人等，给孩子建立行为边界，在边界内享受玩耍的乐趣。

这正是：

一时风靡，风头无两，玩玩也无妨。

正向引导，监管到位，安全须保障。

（文 | 曹怡晴）

在你的印象里，购物商场最受欢迎的是几层？是大牌云集的1层，是餐饮店时常爆满的高楼层，还是乘梯直达的景观层？有数据显示，如今，年轻人似乎把更多时间花在了商场B1、B2层。

不久前，一个名为"年轻人逛街只去B1、B2"的话题引起热议。话题下，有网友这样形容自己的逛街安排：走出地铁，买一杯饮料补充糖分，进一家小店精挑细选，抽一发盲盒寻个开心，最后找家不大不小的档口，快快乐乐地炫一顿；还有网友表示，自己逛街主打一个"逛"，猜猜用途、看看价格、品品设计，买不买倒在其次。这样随性自由的逛吃方式，正受到越来越多年轻人的青睐。

实际上，随着价格实惠、货品齐全、配送及时的线上购物的飞速发展，近年来，线下实体商场在购物消费方面的吸引力逐渐下降。实体店式微，在售商品相比线上渠道性价比不高是重要原因。与此同时，商场的休闲、娱乐、育儿功能却愈发凸显。餐厅、电影院、游乐场、课外培训机构等成为大型商业综合体吸纳客流的主力。烟火气更浓、生活味更足的商场"地下层"受到欢迎，一定程度上也在于此。

小零食、小物件琳琅满目，饰品、美甲花样繁多，小吃、快餐、饮品、甜点店林立，价格亲民且选择百搭，往往还配有百货超市……业态丰富、场景多元、品类云集、客单价低的 B1、B2 层已成为"约饭街""甜品街""日用街"，也成为"不知道逛什么可以先随便看看"的不二之选。此外，地下楼层的店铺多处在由地铁站、停车场进入商场的必经之路上，密集的人流更是其得天独厚的优势。

消费者在哪儿，市场就在哪儿。相比宽敞又醒目的地上层，大型购物商场、综合体的 B1、B2 等地下楼层以往并非商户的必争旺铺，如今却吸引越来越多品牌转变思路、主动布局。许多电玩设备、手工作坊、宠物商店等新兴消费品类进驻，不少主打年轻态的创意品牌在此举办热门 IP 展览、快闪活动、室内音乐节等趣味活动，一些知名数码品牌也"纷纷下楼"，全方位满足着人们的吃喝玩乐游购娱需求。消费者和商户的双向奔赴，打造着愈加红火的 B1、B2 消费层，一些商场的地下楼层甚至出现"一铺难求"的火热局面。

商场"地下层"的走红，也折射年轻人消费心态与行为的嬗变。如今，大家的购物选择越来越多了，消费理念也越发理性，追求极简生活与性价比，价格敏感度高，也更加偏好创意化营销、沉浸式体验、自助式采购等富有个性化、更具主动权的购物方式。"下楼布局"固然是迎合年轻消费者的主动之举，但要把人流量变成客流、把更多"头回客"变成"回头客"，需要做的显然远不止于此。

实际上，无论是近来热议的"逛街只去地下层"，还是之前走红的"反向消费"，无不呈现出当代年轻人对务实生活观和消费观的推崇：在量入为出的范围内，选择体验感相似、性价比更高的产品和服务，在精打细算中过出品质生活，在创意选择中开拓丰富体验。顺势而为，在摸清消费者喜好的基础上优化布局，在独特消费体验、特色场景打造和提升服务品质上做文章，线下商场和实体品牌或许才能更好赢得消费者的心。

这正是：

来来往往，熙熙攘攘。

精打细算，实用至上。

（文 | 李忱阳）

高跟鞋缘何不那么受宠了？

　　曾经，高跟鞋似乎充满了吸引力。许多女孩儿小时候或许都有过偷穿妈妈高跟鞋的经历。一双尖头细跟的高跟鞋，被视为美丽的代名词，寄予着长大的遐想。但不知什么时候开始，走在路上会发现，穿高跟鞋的人少了，商场橱窗里，最显眼位置摆放的也不一定是高跟鞋。如今，人们为什么不再那么热衷穿高跟鞋？

　　拉长腿部线条，调整体态仪态，彰显女性魅力，高跟鞋的优势一目了然。20 世纪 80 年代起，高跟鞋和喇叭裤一起，成为许多年轻人追求自由、开放、独立的寄托。时尚产业的加持，明星模特的引领，使得高跟鞋的统治地位一再强化。粗跟、细跟、坡跟，尖头、方头、圆头，生活中，职场上，人们紧跟潮流、乐此不疲。一代代偷穿妈妈高跟鞋的小女孩儿成长起来，接替成为拥趸，穿着高跟鞋身形挺拔、摇曳生姿、自信洋溢，实践着与之相关的美好想象，成为一道道亮丽的时代风景。

美则美矣，高跟鞋的弊端，也很显然。在问答社区，"为什么穿高跟鞋的年轻人越来越少了"的提问下，频繁被提及的原因就是"累"。理想丰满，现实骨感。穿着高跟鞋，尤其是一度盛行的"恨天高"，重力线前移，就像踮着脚尖走路，带给脚掌及脚趾很大压力，还会导致腿部酸痛，不仅体感不佳，对身体的伤害也是实实在在的。

再加上，如今，人们的生活半径和工作场景都已不同往日。无论是长时间通勤的需求，还是开放办公区里嗒嗒声的突兀，都仿佛在宣告着高跟鞋的不合时宜。与此同时，一些单位硬性着装要求也在放宽。而时间线拉长，我们还会发现，时尚流行，常常声势浩大，却又变动不居。风格鲜明的高跟鞋，渐渐地被大众移至一些"适合穿""必须穿"的场景，可以说有迹可循。

服饰，既是审美搭配的艺术，也是社会心理的投射；既是人们的时尚宣言，也彰显着生活态度。不仅是高跟鞋，视野放宽，不难发现，男性群体穿皮鞋、打领带的也似乎越来越少了。无论是冲锋衣的流行，还是洞洞鞋的走红，无不彰显着社会审美的多元化，也折射出人们更加松弛开放包容的心态，在悦人的同时更加注重适体、悦己。

消费端的变化，牵引着供给侧的调整。供给侧的优化，也引领着新的消费潮流。西装配板鞋，商务中透着休闲，简约又不失格调。礼服配运动鞋，放下裙摆精致高雅，提起礼服健步如飞。打破固有搭配成就了时尚的更多可能性。过去，高跟鞋、皮鞋似乎独具一份优雅得体。如今，纤细秀气的浅口鞋、百搭日常的帆布鞋、硬朗酷飒的马丁靴、休闲复古的运动鞋，各具风格、各美其美。相关企业顺势而为，也主动变革，推陈出新的产品，花样翻新的设计，大大扩充了选择空间，满足着人们优雅、时尚、舒适、百搭等多样化需求。潮流风向在此过程中不断流变，消费市场也在供需的互动中始终活力不减。

025

在《更衣记》里，张爱玲说"我们各人住在各人的衣服里"。穿着是一种语言，我们打扮的方式，也是我们与世界交往的方式。想穿高跟鞋、想穿平底鞋；想穿裙子、想穿裤子；想留长发、想剪短发，我们通过改变服饰打扮，表达着自己的态度，建构着自己的生活。在自己的一方空间里，无论如何选择，自洽就好；步入社会，游刃有余地在各种场景找到舒适与得体的公约数，也就找到了与世界的相处之道。

这正是：

世界光怪陆离，包容个性各异。

向内关注自己，从容不被定义。

（文 l 徐之）

说起时尚，你会想到什么？是优雅垂顺的大衣，或是精致复古的包包？提到个性，你又会想到什么？是金属朋克的铆钉，还是嘻哈前卫的头巾？低下头，往脚上看。近年来，"袜子外穿"穿出了年轻人的时尚新表达，花袜子更成为越来越多中年男性的必备单品。一双袜子，缘何从藏在鞋中的"护足单品"变为穿在脚上的"吸睛利器"？

"袜，足衣也。"从前，袜子更多被定位为防磨、保暖、除臭的功能性消耗品，舒适耐穿是最紧要的。随着社会的发展、时代的变迁，人们的衣着追求精致到脚，对袜子也多出了"美不美"的期待。最先崛起的足部时尚单品，恐怕就是女士的长筒袜，蕾丝、网眼、瘦腿……不一而足。而今，这份时尚也扩大到短袜领域。相比于寡淡低调的素色袜子，绚丽多彩的花袜子，一改黑白灰所带来的厚重与沉闷，为当代年轻人所青睐。

在色彩心理学中，色彩与情绪息息相关，不同颜色会带给人不一样的心理感知。饱和鲜艳的色彩碰撞，表达积极明媚的生活态度；温暖柔和的色彩搭配与图案点缀，则能营造松弛感。国外曾一度流行"以袜测人"的心理测试，据说喜欢条纹袜子者，通常大方稳重，深受周围人信赖；而喜欢菱形袜子者，骨子里喜欢冒险。同样，以不同颜色展示自我，并通过相应穿搭形成"积极化联想"，有时候也能起到疗愈情绪、抚慰内心的作用。正如有网友所说，"根据自己的心情配上不同的彩色袜子，工作时一低头就很开心，每天能看上好几次"。你看，花袜子不仅丰富了穿搭层次，更点缀着庸常日子。哪怕隐匿于裤腿里、裙摆下，这一小截时隐时现的时尚小单品，也透着股漫不经心却又喷薄而出的生活朝气，尽显个性风采。

某头部潮袜品牌的销售中，存在一个有趣现象：大众印象中更为沉静内敛的男性，却是购买花袜子的主力，其年销售额的 70% 来自男袜产品。这一方面可能是因为花袜子常和潮鞋搭配、多与体育明星联名，吸引了不少男性消费者。另一方面或许在于，市场为女性消费者提供了更多搭配供给，而男性的穿搭选择则稍显匮乏。花袜子的设计感彰显高级感，在有限的发挥空间内，形成强烈的冲撞感，进可攻退可守，达成外放与内敛的平衡。或许因此，不少男性将其作为穿搭的"点睛之笔"，当被迫"严肃着装"或不喜过度张扬时，一双花袜子足以安放内心的小荡漾。

服饰消费更加品质化、精致化、个性化的趋势，也牵引着供给端的变革。手套领域分出了皮质格纹手套、无指长臂手套、分指针织手套等类型，纽扣行业推出了发光纽扣、玻璃珠光纽扣、雕花纽扣等产品，小件服饰正闯出一片大市场。紧跟需求变化，优化产品供给，服饰市场的细分领域就能不断开拓市场蓝海。

潮流，某种程度上，是一个时代截面中社会环境与群体意识的投映。内敛而不失洒脱、循矩中透着奔放，一双双色彩缤纷的花袜子，彰显着大众服饰消费的审美品位变迁，或许也是人们悦纳自我、宣扬个性的含蓄表达。那么，这样的花袜子，你入手了吗？想来一双吗？

这正是：

足底踏彩云，时尚袜中寻。

轻盈步履间，快乐心上存。

（文｜常言）

"比公交车还贵"的共享单车，你会骑么？

最近一段时间，共享单车涨价引发了不小讨论。据媒体报道，2022 年以来多家共享单车企业宣布涨价，其中某平台的骑行卡涨幅在 40% 到 50% 之间，原先 30 天卡由 25 元调整为 35 元。虽然折合下来每天也就多付几毛钱，但对不少刚需用户和深度用户来说，精打细算的生活账本上无疑要增加一笔支出了。今晚，我们就来聊一聊这个事情。

事实上对于共享单车涨价，用户早有心理预期。几年前烧钱补贴的"彩虹大战"，留下了"三足鼎立"的市场格局，地铁口为数不多的停车区域，早已经被瓜分殆尽。共享单车走过了快速扩张阶段，经历了"公地悲剧"的讨论，而随着市场格局的逐渐定型，必然要寻求更加实际的发展模式。正因如此，有分析人士认为，"不再打价格战，回归理性的竞争，也是一个好事。"但涨价总归不是个喜闻乐见的消息，互联网讨论中不乏质疑之声。有人直呼"骑行一小时比公交车还贵，骑不起"，有网友支着"加点钱买个自行车不香吗"，也有不少人吐槽"服务质量、骑行体验没有跟上涨价的速度"。

其实单从涨价幅度来看似乎并不大，对骑行成本的影响不至于达到"骑不起"的程度。即便是价格敏感的群体，如果没有更好解决通勤"最后一公里"的办法，共享单车该骑还得骑。互联网上的讨论、质疑，实际上传递出公众的一些情绪、反映出一些担忧。在人们朴素认知中，天天喊着亏损严重、经营困难，为何巨头们却不断扩大投放比例、在烧钱上趋之若鹜？平台经营者是最精明的，不会做亏本的买卖。此前利用资本优势培养用户习惯，再通过不断涨价收割用户，并非没有先例。美其名曰：资本玩法。这种屡试不爽的套路，结结实实给消费者上了一课：当初抢券薅羊毛多疯狂，现在平台议价权就有多强；当初补贴大战多热闹，现在潮退之后就有多现实。

公众的担忧不无道理。对于熟谙市场运作的企业来说，涨价总能找到无数个理由：硬件和运维成本增加、上游原材料价格上涨、软件系统升级……但持续上涨何时是个头？难不成真的要涨到"骑不起"的程度？对于一个高损耗、高运维成本、持续亏损的行业来说，通过涨价自救也不是长久之计，总揪着消费者霍霍治标不治本。随着共享单车由增量争夺转入存量竞争中，行业进入新一轮洗牌，开展精细化运营势在必行。现实中，定位有问题、瞎扣调度费等问题长期没有得到解决，上下班高峰期一车难求，为了找一个停车点兜兜转转。相比较价格上涨带来的吐槽，能不能有效提升骑行质量、改善体验，直接影响着"骑与不骑"的选择，也是企业持续发展的关键所在。

从另一个层面来看，公众对共享单车涨价的讨论，也是对定价权本身的讨论。市场交易，虽然说遵循"你情我愿"的原则，但公平是底线、诚信是红线。从一根雪糕卖到六七十块钱催生网络热词"雪糕刺客"，到"共享充电宝涨至 4 元每小时"登上热搜，再到共享单车涨价带来的讨论，人们对价格的关注，并不单纯因为对"涨了几块钱"变得更敏感，也是思考在信息不对称、地位不对等的情况下，有没有选择的空间、有没有得到尊重。从某种意义上讲，类似共享单车这样的行业，服务的是数亿用户、解决的是刚性需求、利用了大量公共资源，定价是不是完全企业说了算，即便涨价该不该有相应的程序？值得探讨。消费者权利意识也在增强，如果抱有"割韭菜"的心态、套路消费者的做法，留下的将不仅是"吃相难看"的评价，也会让创新价值大打折扣。

这正是：

共享热潮退，行业理性回。

涨价不治本，精细是正轨。

（文 | 沈若冲）

最近，某快餐品牌推出一款限时售卖的香菜冰淇淋，引起了很多人的关注。上头者有之，绿油油的香菜叶清新脱俗，赚足了眼球也征服了味蕾；反感者也不少，这哪里是什么融合创新的甜品，分明就是"丧心病狂"的黑暗料理！对不少人来说，一撮恰到好处的香菜，是口味的分界线，说不定也是"友尽"的标识符。

香菜的学名叫作芫荽，是一种有强烈气味的草本植物。对香菜的爱憎，赤裸裸地写在食客的脸色上、外卖的留言中、火锅的蘸料里。有人觉得，香菜是美食的"灵魂"，任何一盘平平无奇的凉拌菜只要撒上些许立刻就会惊艳无比，恨不得像北方人吃大蒜那样生吃硬嚼；有人认为，香菜是料理的"黑手"，"不要香菜！不要香菜！不要香菜！"少说一遍都是对自己的不负责任，混进一点都会变得"伤天害理"。或是如痴如醉，或是避犹不及，美食江湖可谓"势不两立"。甚至有人发出倡议，要将每年的2月24日设立为"世界讨厌香菜日"。

某种程度上说，跟香菜的"是非"比起来，豆腐脑是甜还是咸、吃汤圆还是吃元宵之类的吵闹，好像也就没那么喧嚣了。

当然，也有人试图弥合"香菜星人"和"反香菜星人"的裂痕，煞有介事地给出各种所谓科学解释。比如，从语言学上来说，香菜的英文单词（Coriander）来源于希腊语（Koris），意指一种"臭虫"，可见香菜之争古今中外人皆有之；有遗传学研究表明，对香菜味道的不同感受，可能来源于嗅觉受体上的基因差异；以饮食文化观之，地方传统饮食习惯也会影响到个人的食物偏好，等等。只不过，就算原因有迹可循，结果似乎还是难以改变。唯一获得共识的是，不管是发自内心的喜欢，还是源于本能的抗拒，都无法否认香菜本身的营养价值、医学价值。也是，爱或者不爱，价格就在那里，足以说明一切。

无论如何，是"无香不欢"还是"逢香寡欢"，这是每个人"舌尖上的选择"。值得注意的是，当大相径庭的喜好遇到瞬息万变的市场，任何关注和猎奇的点都有可能转化为噱头和商机。就香菜而言，瞄准消费者味蕾的，有香菜薯片、香菜饼干、香菜果汁、香菜奶茶、香菜酸奶、香菜柠檬茶、香菜巧克力；靶向消费者日常的，有香菜古龙水、香菜面膜、香菜沐浴露。面对五花八门的香菜周边，谁能顶得住？"香菜星人"明显顶不住了，在香菜的芬芳中"狠狠心动了"，"买买买"就是对香菜最大的敬意；"反香菜星人"更顶不住，"没有买卖，就没有香菜"，"一口入魂"是假，"一口惊魂"才是真！结果只有商家顶住了，收割了香菜爱好者的钱包，收获了香菜嫌恶者的关注，可谓两头赚！

但，果真如此吗？通过"逆向营销、气味营销、土味营销、自黑式营销"，把香菜周边打造成"顶流商品"，这种套路或许还需要打一个问号。有人总结说，香菜冰淇淋"让爱不爱香菜的人都沉默了"。因为对于讨厌香菜的人来说，当然会敬而远之。而对于真正喜欢香菜的人而言，脱水香菜的口感"仿佛在吃方便面调料包"。换句说话，这类香菜口味的商品往往进行了不同程度的改良，结果依然会惹恼厌恶人群，却并不容易取悦喜好人群，最终可能就成了个噱头。事实上，香菜在日常料理中扮演的更多是"万能调料"的角色，在食品饮料、乳制品、日用品等商品中并非主流。走上热搜榜单容易，但要走进千家万户，还得问消费者答不答应。

这正是：

来点辣油，加些葱蒜。

不放香菜，不放香菜！

（文丨于石）

035

预制菜，到底「香」不「香」？

5 分钟就能出锅的鱼香肉丝，10 分钟就能搞定的蒜香排骨，20 分钟就能上桌的佛跳墙……近年来，各类预制菜产品层出不穷。如今，在购物平台搜索"预制菜"，无数诱人的菜品简直"乱花渐欲迷人眼"。

所谓"预制菜"，按中国烹饪协会发布的标准，指的是以农产品为主要原料，运用标准化流水作业，经分切、搅拌、腌制、滚揉、成型、调味等预加工，以及炒、炸、烤、煮、蒸等预烹调制成，并进行预包装的成品或半成品菜肴。看似平平无奇，却能非常火，不由得让人蹙眉生疑：预制菜，真就这么"香"？

觉得预制菜"真香"的大有人在。对普通餐饮商家来说，使用预制菜，可以有效提升出餐效率，降低人工成本；对于大型连锁餐厅来说，使用统一出品的预制菜，能够最大限度保证菜品风味的稳定性。这对餐厅品牌的打造无疑大有裨益。不光是餐饮商家，那些没时间还追求吃得好的上班族，没手艺却想露一手的年轻人，甚至是没精力下厨的老年人，也在用钱包为预制菜投票。毕竟预制菜能做到即热、即食、即烹，能省去买、洗、切等烦琐工序，省时省力、省钱省工，何乐而不为？

总体看来，预制菜之"香"，在于其在食品营养和加工工程技术、保鲜技术、冷链物流、电商快递的技术创新和推广应用的技术背景下，能够解决传统现场烹饪工序烦琐的痛点，能够踩准当代城市生活节奏的步点，能够成为贯通上游"菜篮子"和下游"菜盘子"的连接点。数据显示，目前我国有预制菜企业 6.6 万余家，2022 年已新增超千家，未来 5 年内预制菜产值有望达万亿元规模。

预制菜产业前景广阔，但广阔的蓝海下，也有挑战的暗流。生活中，对预制菜的顾虑也比比皆是——

"没锅气、没灵魂"，是对风味的不满。好味道从来都是食品的吸引力之源，然而《2022 年中国预制菜行业发展趋势研究报告》显示，61.8% 的消费者认为预制菜的口味复原程度需要提升，排在所有消费者认为预制菜存在的问题之首，可见预制菜风味可提升空间之大。

"油太多、钠超标"，是对健康的隐忧。既要吃饱，更要吃好，健康已经成为当代饮食的时尚。然而由于普通蔬菜经不住多重工业化工序，预制菜最大的短板就是缺少蔬菜；相比现炒菜，预制菜"高钠"问题也比较突出。

"小作坊、添加剂"，是对安全的怀疑。食以安为先，让消费者吃得放心是关系预制菜产业健康发展的头等大事。然而长期以来预制菜行业缺乏统一的国家标准，没有完整的产品标准体系和操作规范流程，导致一些产品质量参差不齐。

"图不符、缺斤两"，是对品质的诟病。诚信经营是市场主体起码的行业操守，然而一些平台商家以次充好，甚至"挂羊头卖狗肉"；一些线下商家浑水摸鱼，打着现炒的幌子欺骗顾客。这些是对消费者的知情权、选择权的侵害。

…………

由此看来，想要"香"飘久远，预制菜还有很长的路要走。这条路需要产品研发的不懈攻关，需要行业标准的不断落地，需要行政监管的有力倒逼，需要餐饮行业的自省自律，需要你我这些消费者作出的每一次选择。

毕竟，预制菜到底"香"不"香"，消费者最有发言权。

这正是：

预制菜肴成爆款，莫忘品质与安全。

千淘万漉路虽远，黄沙吹尽金方现。

（文 | 王洲）

最近天气转凉，若论吃什么能够暖胃暖心，很多人脱口而出的第一个答案便是火锅。2022年9月，人社部发布《中华人民共和国职业分类大典（2022年版）》，火锅料理师成为中式烹调师职业下的新工种。

火锅料理师成为新职业，多少让人有些意外。在很多人印象中，火锅似乎够不上一种"料理"，一锅清水、三五菜品就可汆烫，买上包底料在家也能复刻店里的味道，操作难度不高。此外，正因为世界万物皆可涮，用一个味道、一种火候去浸染所有食材，火锅甚至被一些老饕认为是"最没文化的饮食""最没技术含量的饮食"。此前，在各类技能比赛中，火锅料理也往往只能作为"中式烹调"项目下的专项赛。如今，火锅料理师填补了火锅行业没有国家认定专属职业工种的空白，从业者摆脱了没有"身份"的尴尬。

火锅料理师不只是炒料师傅。根据官方定义，火锅料理师是从事火锅锅底、酱料、蘸料制作、菜肴预制、菜品切配并具备一定餐饮经营、管理能力的人员。正如人们所说：火锅的灵魂在于底料。从底料的选取、配比和炒制，到食材的处理和烹饪时间、顺序，火锅料理的各个环节步骤都可以是一项具有专业性、精细化的工作。此外，从业人员不仅要掌握操作层面的经验，也要具备确保食品安全的意识、餐饮经营管理的能力。设置新职业，不仅关乎风味，更有助于对行业进行更规范的管理。

新职业的出现，折射出火锅产业专业化的发展趋势，印证着火锅市场规模的不断扩大。据中国烹饪协会火锅委员会发布的《2021年火锅产业大数据分析报告》，2020年火锅产业销售占全国餐饮收入近1/3，是中餐第一大细分品类。数据之外，火锅的群众基础在网络用语中也可见一斑。如果说"天冷穿秋裤，人冷吃火锅"，道出了火锅的时节性特点，那么"没有什么事情是一顿火锅解决不了的"，说的是火锅的疗愈功能；"炭黑火红灰似雪"带来的热气腾腾，熨帖了所有生活的褶皱，而"一个人去吃火锅在国际孤独表里的第五级"，则生动展示了火锅的社交属性和越发广泛的适用场景——家庭聚会、朋友小聚、工作聚餐等。

火锅"崛起"是消费者的选择，也源自自身的推陈出新。在东酸西辣、南甜北咸的中国美食格局中，"初代目"火锅以一方水土一方风味的特点赢得喜爱。烟囱高树的涮肉、清淡滋补的椰子鸡、麻辣火热的牛油锅、咸香可口的羊蝎子、香醇美味的打边炉、酸爽开胃的酸汤……遍布全国、丰俭由人的火锅，成为独树一帜的美食品类。当火锅融入都市生活，从内容上研发出各类融合口味、新口味，从形式上衍生出一人锅、回转锅，甚至推出外卖服务，并涌现了预制火锅、自热小火锅等新品类。内容物、底料、调料的不同组合让各种偏好的人都能得到味蕾的满足。由此可见，小火锅，大学问，做好火锅料理并不简单。

饮食承载人间烟火，离不开背后的餐饮人。不只是火锅料理师、奶茶调饮师、药膳制作师、营养配餐员……入选职业大典的餐饮类新职业中，有不少与我们生活息息相关，但又让人感到新奇的工种。这既是近年来我国经济实力、综合国力跃上新台阶，新产业、新业态、新模式层出不穷的写照，也代表着国家为庞大的餐饮从业群体创建了一条通往职业技能人才的新道路。未来，根据多元化的市场需求，行业以更具职业化的方式培养人才，拓宽餐饮从业人员的发展通道，必将为更多消费者带来舌尖上的慰藉。

这正是：

牛油酸汤椰子鸡，火锅职人巧料理。

规范发展新工种，行业迭代添生机。

041

（文｜周珊珊）

围炉煮茶，是「复古范」还是「网红脸」？

中式的装修、火红的炭炉、古朴的茶具、精致的茶点，三五好友围坐闲聊……随着气温渐渐降低，"围炉煮茶"正成为休闲娱乐界的又一"网红"，引得众人追捧。在某短视频平台上，围炉煮茶话题播放量达 4.8 亿次。

围炉煮茶，乍看十分新颖，其实渊源有自。早在唐代，茶圣陆羽就在《茶经》中记录煮茶的过程。时至今日，许多地方的人们对这种形式并不陌生。在云南，"火塘烤茶"已经融入当地少数民族的日常生活。在湖南等地，也有冬天烤炭火、烧煤炉的习惯，再摆上一些水果零食，家人朋友就能唠上好一会儿家常。这种形式也不只见于南方地区，在郁达夫的回忆中，"凡在北国过过冬天的人，总都道围炉煮茗，或吃煊羊肉、剥花生米、饮白干的滋味。"这些活动一度是人们冬日生活的重要部分，随着城镇化进程推进，高楼大厦取代了平房宅院，燃气灶台取代了笼火烧煤，围炉煮茶才逐渐远离了生活舞台。

从烟熏火燎的取暖方式，到走红网络的休闲方式，围炉煮茶的重新出圈，得益于煮茶带来的仪式感。我国茶文化历史悠久，特别是近年来，新中式茶饮蓬勃发展，越来越受到消费者欢迎。有数据显示，2020 年中国新式茶饮行业市场规模已达 772.9 亿元，预计到 2030 年市场规模将接近 2000 亿元。一边是市场火热，消费者趋之若鹜，另一边，行业内消费选择有限，传统茶室客单价高、品鉴门槛高，难以满足年轻消费者快捷时尚的生活需求。在这样的背景下，围炉煮茶的出现，既迎合了年轻人所需，又填补了市场空白，受到消费者欢迎自然也在意料之中。

不同于传统的品茶，体验围炉煮茶的消费者，更多是奔着这种独特的体验。古香古色的院子，营造出"结庐在人境，而无车马喧"的闲适；自己动手煮茶，品味"坐酌泠泠水，看煎瑟瑟尘"的意境；茶盏空了又满，一杯杯茶水入口，"浇出胸中不语尘"……在这一方小院里，年轻人暂且忘却烦恼、卸下焦虑，从快节奏的生活工作中"偷得浮生半日闲"。不仅能满足消费者的休闲、社交需求，还能提供其他娱乐方式提供不了的文化审美。从这个意义上看，传统文化与现代生活的碰撞，创造出新的市场潮流；茶叶本身的甘苦优劣，似乎没有那么重要。

乘着走红的东风，更多商家支起茶摊。但在围炉煮茶如雨后春笋般出现的同时，质疑也相伴而来。对于真正爱茶的人来说，围炉煮茶炭火火力不好控制，其实并不合适冲泡所有的茶叶。对于追求体验的人来说，并非所有的网红消费都能经得起一次实地体验的考察。经过第一波的"跟风"，在一篇篇"种草"笔记后，"拔草""避雷"帖已相继涌现。不菲的价格、廉价的茶点、良莠不齐的茶叶、烤煳的红薯板栗……在现实的杯盘狼藉面前，所谓的"氛围感""松弛感"难免有点失真。当新鲜感过去，当滤镜被摘除，围炉煮茶这门生意如何才能做得长久，成为摆在从业者面前的新问题。

在各种宣传造势下，网红娱乐一个接一个，但能否保持常青，必须接受时间的检验。消费者在一轮轮"种草""拔草"中争相体验，节奏忙碌，玩乐下来，不比工作轻松。但回归到活动本身，在网友们晒出的围炉煮茶照片中，除了固定的火炉和茶壶，另一个必不可少的就是同行的好友。或许，感受如何，关键并不在于流行什么娱乐项目，而在于体验的心境，与好友一起，煮茶也好，闲坐也罢，都自有一番趣味。

这正是：

露营热度稍降，煮茶之风又起。

三五好友成群，闲谈亦有乐趣。

（文 l 徐之）

不久前，某知名麻辣烫品牌首次公开发行境外上市外资股的相关申请报告获得批复，令拥有超过 300 家麻辣烫相关企业、被称为"麻辣烫之乡"的哈尔滨宾县，成为一时热点。一道四川街头小吃，为啥会在千里之外的东北小城落地生根？为什么这里诞生的"东北正宗四川麻辣烫"，数十年间能在全国各地的大街小巷遍地开花，甚至在海外市场掀起麻辣热潮？

"麻辣烫"三个字，来自四川火锅的六个讲究——"麻、辣、烫、脆、鲜、香"，这种涮烫的吃法据说源自乐山江边船工和纤夫的独特创意。为了省时省钱，他们在江边垒起石块，放上瓦罐，倒入江水，加入野菜，以海椒、花椒增香。"一口砂锅几样菜，一盘干碟大家蘸"，因为经济便捷且味道不赖，麻辣烫迅速在沿江各个城市流行开来。

但麻辣烫产业真正发扬光大的时刻，是从东北开始的。20 世纪90 年代，麻辣烫进入东北市场，并进行了"适北化"改良——一汪烧得咕嘟响的热辣牛油，加入了平静舒缓的大骨浓汤；混合着辣椒面和花生粉的干碟蘸料，被换成了北方火锅中的灵魂麻酱。东北麻辣烫，虽然不够麻也不够辣，口味上却能被更多人所接受。一时间，哈尔滨宾县"孵化"的众多麻辣烫品牌产生集聚效应，在内激烈竞争，在外强势扩张，打着"正宗四川麻辣烫"的招牌迅速占领大江南北的餐饮市场。

"东北正宗四川麻辣烫"——冗长的定语让一锅小小的"麻辣烫"着实"背负"了太多，却又无比精准地透露了麻辣烫从发源到风靡的历史。虽然一直以来始终有四川麻辣烫和东北麻辣烫到底谁正宗的饭桌争论，但就美食而言，在其或长或短的发展史中，"正宗"也许本就是一个模糊的概念。而消费者对东北麻辣烫的认可，也经历了一个"始于噱头终于口味"的过程。

所谓"正宗口味"，或许是老家门口小摊上那搅着烟火气的绵延乡愁，或许是母亲亲手制作的家常滋味留在唇齿间的无尽思念，又或许是食谱教程上难以定量的加减乘除——谁也说不清正宗螺蛳粉里到底还该不该放螺蛳肉，地道手抓饭要用哪只手去抓，就算是四川本土的麻辣烫，在短暂的发展过程中，早已流变出"围锅涮串""盘装烫菜"等诸多版本，"不吃麻酱和微辣"的底线也并非始终固若金汤。美食是时间的艺术，烹调的沉淀让我们与美味相逢，美食自身也在时光的端详与审视之下，不断与人们的生活习惯、时代的流行风尚、口味的发展变迁等达成默契共振，实现改良与创新。

巴蜀之地喜花椒，西北牧民喝奶茶，黔南难离鱼腥草，浙东爱惨了蟹和虾，一地美食的兴起，往往与当地风物密切相关。可见，若是非要追求某种特定食材的特定口味，唯有身处当地方能寻得，而当美食开始迁徙，"正宗"则更像是个伪命题。全球化时代，美食的传播技术壁垒被彻底打破，裹进时代浪潮中的美食若只念着故土而漠视他乡，多半只能囿于小众的"正宗"而难得大众的认同。浓油赤酱的上海菜在注重低糖低油的日本，除了保留精致本色外，还得完成"看不出油"的挑战；开启普鲁斯特旧时记忆的玛德琳蛋糕在进入中国的甜品店后，也要经得起"对甜品的最高追求就是不甜"的评价标准；当北京烤鸭到了广州，本应包进饼皮的葱丝成了可有可无的存在——对了，在烤鸭初入京城时，也是打着"正宗金陵片皮鸭"的金字招牌，随着世事变迁，如今南北烤鸭的"正宗"制法和吃法，都不可避免有了分岔。

美食文化与其他种类的文化一样，传承与融合是其发展的两条主线，拥抱变化、勇于创新是持续保持生命力的不竭源泉。而不论是假以"正宗"之名的固执与傲慢，还是一味迎合、缺乏灵魂的流水线快餐，都难以实现长久健康的发展。正因如此，与其争辩"正宗"与否，不如更多地在现代健康饮食理念的前提下，观照当地风土、琢磨创新口味，让独特而美味的佳肴，成为文化传承的见证、文明交流的桥梁。

最近一段时间，短视频平台上出现了不少复原旧食谱的教程，将现代烹饪技巧与传统饮食工艺相结合，让《随园食单》《红楼梦》等书中的"古早味"重新进入年轻人的视野。当然，对于"手残党"们而言，做出贾府里的"枣泥山药糕"有点强人所难，那就不如先从自制一道"东北正宗四川麻辣烫"开始。

这正是：

八方美食，四海之士，多少滋味在心头。

匠心一片，创意无限，休论正宗不正宗。

（文 I 曹怡晴）

竹筒奶茶，能否逃过『红得快凉得更快』的魔咒？

近段时间，竹筒奶茶火了。将奶茶装进竹筒里、挤上雪顶奶油、撒上碧根果脆或抹茶粉、再贴上具有城市限定标签的贴纸，便化身网红饮品。随着旅游业复苏，不少景区的竹筒茶饮店门前排起长龙，有的店节假日一天能卖出 1000 多杯，成为新的流量密码。但一面是蜂拥而上的追捧，一面是关于口感、安全等问题的隐忧，一夜爆红的竹筒奶茶火出圈能否走得远？

其实，我国南方一些地区早就有喝"竹筒茶"的传统。当下，时尚饮品嫁接地方特色，在包装设计上进行创新，妥妥吸引了消费者的眼球。把塑料杯子换成竹筒，装上白桃乌龙、桂花酒酿、幽兰拿铁等各式饮品，将国风与时尚巧妙结合，满足了年轻消费者追求新奇体验的心理；杯身的地理标签适合拍照打卡，在舌尖享受之余，还具有特殊的社交货币属性。正如一位消费者所说：竹筒奶茶搭配江南水乡，拍出的照片适合发朋友圈，算是新式的"到此一游"。

竹筒奶茶火出圈，成为网红经济带动时尚消费的生动缩影。近年来，网红产品层出不穷，每一次新产品的出现，都会引发追捧和热议。从樱花布丁到文创雪糕，从旋风土豆到肥肠包葱，依赖于互联网传播，相关食品通过碎片化的渗入与沉浸式的呈现，为消费者提供情感链接和尝鲜愿望。大家在为网红产品买单的同时，也在追求一份体验美好生活的"心灵慰藉"，满足一种追逐时尚潮流的"社交刚需"。

必须看到，与"高颜值"外表引发的关注几乎同时，竹筒奶茶的缺点与隐患也迅速成为热议话题。有些竹筒奶茶因其劣质的奶精味、廉价的奶油口感遭到诟病；因为使用竹筒包装而产生较高商品溢价，被不少人描述为当代的"买椟还珠"；一些店家将已经销售过的竹筒回收后再次使用出售，令消费者心存疑虑……这些问题的出现，制约着竹筒奶茶持续提升商业生命力的脚步，也提醒大家思考网红食品应该如何守住底线、实现长红。

不难看出，只注重形式而忽略品质的网红食品注定走不长远。网红经济带来的快速交易与快速复制的属性，使得不少从业者不顾品质争相效仿、一拥而上进入市场，给行业长远发展带来风险。以依赖包装的竹筒奶茶为例，看似"小营生"，运营并不易。竹筒作为天然材料，相较其他食品包装，对储存、运输、使用要求更高；但经营的分散性，使统一标准、食品监督的难度加大，客观上给不少赚快钱、抢流量的不法商家以可乘之机，导致网红产品屡屡"翻车"，消费者频频"上当"。由此可见，对于商家来说，提升商品的持久竞争力，不能只在"传播"上下功夫，关键要守住"安全"的底线、做好"品质"的文章。

从网红经济本质来看，以热点引爆话题、带出爆款，进而引发扎堆消费、实现流量变现，是惯常的模式。但问题在于，一款产品是要挣快钱，还是图长远？产品应当差异化竞争，还是跟风式推广？如果希望形成品牌，产品是否具备丰富多样的形态，是否具有足够深厚的内涵？这恐怕是每个经营者应当思考的问题。如果简单停留于跟风尚、追潮流，势必会在长远的发展上落于被动，甚至被快速淘汰，也容易干扰市场秩序、浪费有价值的创意，使网红产品"红得快凉得更快"。

在过去，酒香不怕巷子深，商家持有"炮制虽繁必不敢省人工，品味虽贵必不敢减物力"的经营承诺。在当下，利用网红效应提升产品传播力的同时，商家也应更加关注锤炼产品品质、提升产品内涵，让顾客"乘兴而来尽兴而归"；监管部门、消费者和商家应当推动食品安全监管形成合力，让顾客"买得放心吃得安心"。各方携手让网红食品由"大流量"向"高质量"转变，才能真正助推行业发展行稳致远。

这正是：

千锤百炼磨一物，赢得人心需功夫。

红极一时虽不易，行稳致远是正途。

（文丨刘涓溪）

空气炸锅，是『厨房达人』还是『墙角常客』？

前些年，空气炸锅很"火"，很多人视之为"厨房神器"。然而最近在社交媒体上，"空气炸锅"被票选为闲置率第一的商品。你家的空气炸锅是"墙角吃灰"，还是依然是小家电"常胜将军"？

正所谓"萝卜白菜各有所爱"，人们对空气炸锅各有褒贬。有的主张"无用论"，本来兴致勃勃购入却炸什么东西都翻车，最初期待的下厨幸福感变为现实挫败感，不光在厨房备受冷落，放在二手交易平台都鲜有问津；有的声称"空气炸锅是家中使用频率最高的小家电"，加工食材方便又美味，逢人就安利，自家也有复购，甚至坚持认为"不是锅不好用，是人不会用"。总之，用空气炸锅做熟食物可能并不难，若想用它烹饪美味佳肴，似乎并不如一些厨艺小白所想的那样一步到位。例如，加热冷冻的半成品蛋挞，仅用微波炉，只需要三四分钟，便能得到酥脆的成品；但要用空气炸锅，就先需用微波炉解冻再炸，不然就可能黏糊糊、软塌塌。不可否认，空气炸锅确实

"能力有限"，而究竟有用无用，取决于人们的预期，以及厨艺。

现实中，空气炸锅确实面临"降温"状况。数据显示，2022 年空气炸锅的销量还在 100% 以上增长，2023 年上半年，销量出现明显下滑。纵观市场，遇冷并非空气炸锅的独有情况，诸如早餐机、擦窗机器人、洗鞋机等一度活跃在家庭各个功能区的小家电都陷入类似境遇。2022 年厨房小家电零售额 520.3 亿元，同比下降 6.7%；零售量 22049 万台，同比下降 12.7%，这是小家电品类连续第二年出现的下降趋势。

这其中，有着市场规律和趋势的共同作用。从规律看，小家电的换新周期大约是 5—7 年，2020 年到 2022 年间小家电的市场保有量和家庭保有量基数较高，存量尚在消耗，增量难谈释放。从趋势看，不少成熟家电品牌纷纷推出功能整合性更强的一体机，提高了使用频率和面积，使得功能单一、"单打独斗"的小家电渐失垂青。在市场大背景下，"需求不足"成为小家电遇冷的问题核心。

"使用感"，往往是人们在评价小家电时经常提及的词汇。使用感好，小家电便是美好生活的制造机。然而，"理想很丰满，现实很骨感"，当小家电的应用从想象进入现实，难免"水土不服"。比如，有的擦窗机只能擦洗光滑无缝隙的玻璃，擦洗有花纹和缝隙的瓷砖可能会"坠机"，有的洗鞋机无法自动注水和排水，需要手动处理脏污残留，洗鞋手法也较为粗暴、容易损坏鞋子，等等。"使用感"这一核心诉求尚未更好解决，纵使再高的颜值、再低的价格也无法创造可持续的增长点。应对消费需求从"有没有"向"好不好"转变，小家电主动升级才能"生生不息"。基于人们生活所需所盼，无论是立足现有功能垂直深挖，还是着眼新兴需求扩充玩法，扣准用户的脉象，扎实提升质量，才能赢得市场和消费者的芳心。

"网红"小家电往往代表着某种生活方式，其生存与发展离不开相应场景。有人认为，包括空气炸锅在内的厨房小家电，在前些年之所以快速增长，是享受到了宅经济的红利，而防疫转段后，人们的生活方式随之改变，餐饮等生活场景也重新向公共场所延伸，缺乏高频应用场景的小家电自然门庭渐冷。难以否认，经济样态是时代的产物，新生事物从主流生活方式中萌芽，逐渐成长为经济新样态，并伴随时代的步履而波动、变化。从这个意义上讲，经济新样态的沉浮起落处于情理之中，但如何让"新"不仅为昙花一现，则需要用长远的眼光去展望。把"新"做"实"，在丰富变化的需求曲线中，沉淀出稳定的立足点，是不少"经典"在技术变革、时代发展中的生存之道。

有人观察，大多数在生活中"不可或缺"的家电，都需经历从普及到升级的路径，而小家电由于技术门槛较低，技术升级和突破往往缺少能够抵达质变的拉动力，因而更易步入衰减期。如何拓宽细分赛道，如何建立完善用户思维，如何挖掘海外市场等潜在增量等等，这些不仅是小家电行业的思考，也是不少轻量级科技产品需要捋直的问号。无论如何，转型升级路各有所难，千方百计去契合变幻的生活、流动的需求，才能从一时爆红转为岁岁长红。

这正是：

预期有不同，褒贬难判评。

生活多变化，转型助常青。

（文 I 周山吟）

053

这种菜，凭什么征服南北方的胃？

从豆腐脑是甜是咸，到过年吃饺子还是汤圆，网上曾多次掀起关于南北饮食差异的讨论。随着冬天到来，有一种菜却征服了全国人民的胃——萝卜。"冬吃萝卜夏吃姜，一年四季保安康。"类似的谚语在各地流传，萝卜也在庖厨之间变幻出多样的佳肴以飨食客。

天寒地冻，三五好友围着一盆羊肉萝卜大快朵颐，出身透汗；应季萝卜新鲜切条，佐细盐、辣酱等腌制，成了望而生津的"下饭神器"；再要省事儿，就似关汉卿"萝卜蘸生酱，村酒大碗敦"，生嚼体会嘎嘣脆……萝卜南北"通吃"，一方面体现在青萝卜、白萝卜、水萝卜、心里美等上千个品种在全国各地扎根，不少成为当地特产；一方面也体现在制作方式繁多而百搭，烧扒焖炸、蒸烩炒涮不一而足，既能与名贵食材相伴相佐，又能彰显本味自成体系，一些地方甚至"离了萝卜摆不了席"。明代李时珍曾说，萝卜"可生可熟、可菹可酱、可豉可醋、可糖可腊可饭，乃蔬中之最有利益者"，诚不我欺。

萝卜成为中国餐桌上的当家蔬菜，用了几千年的时光。我国先民至少在两千年前已开始栽培利用。经过长期选育驯化，我国栽培品种由皮肉均白或红皮白肉衍生出绿皮及红皮红肉品种，栽培季节由早期的秋冬萝卜发展出春夏萝卜乃至四季可种的品种。从时间看，萝卜早已实现月月可种、月月可食；从空间看，早在宋代，萝卜就"南北皆通有之"，后来一度成为仅次于白菜的中国第二大蔬菜。小小萝卜的前世今生，照见了中国蔬菜的进化史，彰显了中国农民的勤劳智慧。

萝卜备受喜爱，得益于其食用价值，也离不开突出的药用价值。"萝卜小人参，常吃有精神""萝卜就热茶，气得大夫满地爬"……透过代代相传的民谚，可以看出人们对萝卜养生的肯定。即便是今天，家里若有上岁数的老人，随口列出的"萝卜偏方"，恐怕十根手指头都不够。

一蔬一饭在满足口腹之欲的同时，也寄托了古今人物的思想感情、审美情趣，孕育出独特的食文化。纵有人恶其气味、讥其寒酸，但萝卜清清白白、生性耐寒，诗人题之入诗，画家绘其入画，或寄寓"富贵于我如浮云"的高逸情操，或彰显"咬得菜根，百事可做"的处世精神，苏轼、朱熹都曾专门作诗咏之。

除了进入文人的阳春白雪，萝卜的痕迹也凝结成语词，保留于烟火人间。要学有所成、别当"空心萝卜"，要用情专一、莫做"花心萝卜"，保证质量、不能"萝卜快了不洗泥"，不要多管闲事、"咸吃萝卜淡操心"。食物与生活的碰撞，饱含着做人的准则、为人的智慧。

更让人铭刻于心的，仍是一方水土一方食物一方人文氤氲出的乡思乡愁。从立春吃萝卜"咬春"，到冬日囤萝卜"猫冬"，岁月安排着蔬菜生长的节律，蔬菜又改造着居民生活的习惯。泉州海边生长沙土萝卜，用它做成的咸饭代表家的味道，外出闯荡的华侨无论走多远都眷恋这份古早味；滇西北多白萝卜，彝族人家在秋冬之际举办萝卜节，边收萝卜边唱山歌，吃"吉"送"吉"祈求安康；天津盛产卫青萝卜，汪曾祺曾记录下到园子听曲艺时观众边听节目边吃切片萝卜的场景，这一风气至今仍旧……一种物产的历史从何处开始，它的文化就从何处发源，它的群体记忆就从何处形成。千姿百态的风俗与传统汇集起来，便是一部完整的蔬菜文化史。

如今，很多古籍记载的菜谱已少有人做，计划经济时代北方家家户户冬天豪置百斤萝卜的场景已为过往，但很多地方将小萝卜打造成精种植、深加工、拓文旅的大产业，新品种不断刺激味蕾，不少餐厅利用素食思维创新菜品。从这个意义上：蔬菜年年生长，它承载的饮食文化年年丰满。正是在这样的继承发展中，中华饮食文化绵延不绝、历久弥新，满足了国人的胃，治愈了你我的心。

056

这正是：

你这是群英荟萃？

我这是萝卜开会。

（文 I 石羚）

情

感

虚拟恋人，只恋不婚……你还向往爱情吗？

2022 年，第一批"00 后"已经 22 岁。22 岁，是许多人大学毕业的年纪，也是男性最早能够合法缔结婚姻的年龄。在"00 后"都可以结婚的年代，却有人发出了"不想谈恋爱""只谈恋爱不结婚"的呼喊。

"我想要一个'猫系'的男朋友。"有年轻网友对一家"虚拟恋人"店的客服提出了这样的要求。紧接着，在这个售卖聊天与陪伴服务的世界，通过网购就可以定制虚拟男女朋友，通过社交软件谈一场恋爱。此外，还有人通过二次元、追星、恋爱游戏等方式，与"纸片人"谈恋爱。与和真实的人建立关系相比，这些恋爱模式都旨在提供更充分的情绪体验，满足无法现实化的期待。

与"纸片人"谈恋爱，折射出一部分"00 后"的情感态度。部分没有进入恋爱关系的他们，或许更难想象婚姻关系。从社交平台上出现的"劝分小组"，到鼓吹各种关系的论调，不少人因此认为"00

后"奉行不婚主义。这种说法或许不能概括全貌，但也折射出不少年轻人的选择与焦虑。

年轻人真的不需要爱情了吗？"00后"以及再早一些的"Z世代"，是在互联网环境下成长起来的一代人，他们比前人更有条件破除"身边即世界"的迷思。也就是说，网络带来更充足的信息、更多彩的生活，也让大家能够与更遥远的人建立联系，一定程度上填补了因为缺失恋爱与婚姻所带来的情感空白。

但无论网络如何发展，与真实的人建立真实的联系，是任何技术都难以代替的。"虽然我们试图通过购买恋人来获得被爱的感觉，但我们都知道，这是不可能的。"那位购买虚拟恋人服务的网友后来也表示，"这种虚拟的东西终究是假的，过好现实的生活才是正经。"

事实上，大多数"00后"并没有放弃爱情，只是对爱情有了更高的期待。此前聊过的"脱单盲盒"，即便再不靠谱，也免不了很多人前来尝试。近来，从武汉大学一位老师开设的恋爱心理学讲座场场爆满，到复旦大学教授在年轻人聚集的视频网站讲授恋爱与婚姻，相关课程的火爆反映出年轻人对于爱情的渴望，尤其是对建立有质量的恋爱和婚姻关系、更合理地分配义务和责任有了更多期许。

必须看到，任何婚恋观的形成都并非空穴来风，而是植根于一定的社会现实。身处流动社会，或是执着于从一而终的忠贞爱情，或是着眼当下、珍惜每一段感情的精彩；身为职场人士，也需在亲密关系中保持距离感与边界感；面对大城市生活的压力，固然需要另一半相互取暖，但也难免对恋爱关系中的经济责任和婚姻关系捆绑着的生育、家务负担心存疑虑。从这个意义上说，比关心"00后"拥有怎样的婚恋观更重要的是，为他们创造更好的工作生活环境，莫让爱情成为奢侈品。

正是因为面临是否爱、有没有条件爱的诸多考量，面临来自家庭社会的种种期许，使得"00后"在展现自信轻盈、随心所欲一面的同时，仍然会为催婚、相亲、彩礼之类的问题感到头疼。现实的复杂使得年轻人的爱情选择呈现出更为多样的光谱。这也提示我们："不谈恋爱只搞钱""只谈恋爱不结婚"等判断往往似是而非，为"00后"轻易贴标签、下定义本身就是一种不负责任的态度。

正如曾备受争议的"80后"，如今已成长为各行各业的中坚力量。今天的"00后"接受到更加多元的思想熏陶，接触到更加丰富的社会现实，所谓的离经叛道里包含着对自己和未来的清晰判断。"虚拟恋爱""不谈恋爱""不想结婚"背后，不代表年轻人不再需要爱情、不再需要稳定的承诺和婚姻，而恰恰是他们对传统恋爱婚姻关系的反思。少给他们些条条框框的界限，多给他们些放飞想象的空间，创造更加包容、平等的环境，"00后"必将自由书写爱情的剧本，用自己的探索为现代社会的恋爱关系提交一份更加理想的答案。

这正是：

让社会环境，多一分宽容。

对恋爱关系，多一些期待。

（文 | 向子丰）

061

办公室恋爱，你看好吗？

看惯了网络小说中"霸道总裁和小职员"的恋爱故事，不少人在浪漫幻想中甚至有点羡慕。小说是虚构的，但办公室恋情却是真实存在的现象。此前，有网友盘点了一些互联网"大厂"对待办公室恋情的态度，从"禁止同部门或跟 HR 恋爱""禁止同部门员工恋爱"，到"不禁止""支持内部恋情"，不同企业对此态度不一。对此，屏幕前的你们怎么看，你所在的单位又有什么相关规定呢？

相关数据显示，有对象的年轻人，60%以上是从"同事/同学/朋友"中找到的；而近六成职场人曾对同事产生过悸动情愫，其中男性心动比例接近 60%，女性略低于男性，也有半数人曾芳心暗许。时下，办公室恋情似乎越来越受到青睐。归其原因，男女双方同处一个单位甚至同一个办公室，每天都有大量时间在一起交流，生活节奏大体同步，也更容易理解工作生活上的问题和难处。正如有人说：与同事朝夕相处的时间可能比家人更长，那么同事何尝不能逐渐过渡为家人呢？

客观来说，圈子变窄是一个重要因素。据调查，在单身时长超过3年的职场人中，过半数有强烈的脱单愿望，但是苦于生活圈太小，很难结识优秀的异性。的确，很多人都有这样的感受，一个人在异地打拼，常常过着两点一线的生活，有时还因为不善应酬而交际较少，结识的异性朋友也越来越少。所以，谈恋爱、择偶更多转向身边的人，也算是一种自然而然的选择。

相比"君住朝阳头，我住海淀尾"的恋爱，出入相伴、用餐共席的办公室恋情往往节约了时间成本、金钱成本、沟通成本。同事加恋人的双重身份也为相处增加了很多共同的话题，哪怕是吐槽，哪怕是八卦，往往也能给予更多精神上的理解与支持。当然，不可忽视的是，当工作与生活、公事与私事的界限被打破，难免给恋爱双方带来不便。既保护不了各自的隐私，也很难领略外面的世界，万一分手更会面临"抬头不见低头见"的尴尬。正所谓"距离产生美"，距离没了，美有可能也就没了。

从单位的角度看，办公室恋情也确实容易产生一些风险。毕竟，亲密关系是产生一些问题的温床，比如互相泄露不同部门之间的机密、单位人际关系变得更复杂，此前甚至出现过串通一气坑害公司的案例。尤其当办公室恋情发生在上下级之间时，也容易导致任人唯亲、谋取私利，进而损害其他员工及单位的利益。此外，近几年国内外一些公司发生过职场性骚扰的案件，引起轩然大波。当职场性骚扰被包装为办公室恋情，不仅对当事人造成伤害，也容易让单位陷入舆论漩涡的中心。所以，从单位整体利益的角度考量，对办公室恋情作出明确规定并非毫无根据。

不过从法律的角度看，因为正常的办公室恋情而开除相关员工于

063

法无据。此前，一家企业以员工违反办公室禁恋令为由，将情侣中较晚入职的男性员工开除。该员工向法院提起诉讼，认为公司的相关规定侵犯了他的婚姻自主权、理应无效，法院最终裁定公司违法解除劳动合同。民法典保障公民的婚姻自由，绝大多数企业肯定都明白这一点，所以与其说一些公司的相关规定针对的是办公室恋情，不如说是其背后对公司发展的潜在危害。但也有调查表明，办公室恋情不仅不会降低员工的工作效率，反而可能提升他们的工作表现。从这个意义上看，如何充满技巧地理顺复杂的职场关系，对用人单位来说也需颇费一些思量。

事业与恋人、绩效与真爱，摆在每个人面前可能都难以割舍其一，但选择很多时候并非这样非此即彼。正如说着不同语言的两人可能最终走到一起，异地恋经历多年的考验后修成正果，忘年恋也可能绽放绚丽的色彩，爱情本是最具可能性和丰富性的美好事物，即使面对真实的困境和现实的问题，也可能都在共同的努力下迎刃而解。所以说，即便是在职场，如果有一份真挚的爱情摆在你面前，起码不要轻易地关闭一扇可能通向美好的大门。

这正是：

爱情诚可贵，工作价也高。

两者得兼顾，还需费思考。

（文 | 若水）

她是 ISFJ 的『安陵容』，我是 ENTP 的『孙悟空』……这样的人格分析靠谱吗？

这几年，MBTI 人格分析时不时登上热搜。有些公司用它作为招聘参考，有人用它帮助自己交友相亲，更有痴迷此道之人根据只言片语为历史人物、虚构角色确定性格类型。

MBTI 人格测试，从 4 个维度上用二分法给人做了分类。被试者在一两百道单选题创造的情境里，选择与自己更接近的选项。这 4 个维度涵盖"能量来源"，即更内向还是更外向；"感知偏好"，即更相信直觉还是实际感知；"判断偏好"，即更依据情感还是思考；"认知态度"，即更依靠感知还是判断。测试后，每人得到 4 个代表性格特质的字母，比如安陵容的 ISFJ 就是内向、利他、愿意作出改变的"守卫者"；孙悟空的 ENTP 则是外向、敏捷、蔑视常规的"辩论家"。

在移动互联网时代爆红的 MBTI 测试，历史比想象中要更加悠久。20 世纪 20 年代，美国小说家迈尔斯母女发明了这套测试，并使之逐渐发展成一门赚钱的产业。从出现在公司招聘，到据此推出综艺节目，牛津大学的一项研究推算，测试版权方至今已推出 800 多种周边产品，打造出约 20 亿美元的市场。

如此声势浩大，MBTI 受到的评价却是两极分化的。除了流传广、市场大之外，支持者们常常自述在测试解答中找到了"真实的自我"，大有一种活了几十年，终于知道怎么描述自己性格的感觉。反对者则不无讥诮地指出，类似的心理测试都逃不开"皮格马利翁效应"。这种心理学现象类似于"说你行你就行"，人们会选择性地认可似是而非又相对正面的话，甚至在听说有某种品质后不由自主寻找例证，让自己"配得上"这份"褒奖"。还有人说，深扒心理学的文献，MBTI 既没什么理论支撑，也没被认可为理论工具——一句话，在一些人眼中，这个测试难言"科学"，不过是"星座说"的一种翻版。

事实上，当代心理学认为，一个人的性格、人格特质并非恒定不变。外向一点还是内向一点，更情绪化还是更理性化，往往因时而变、因事而异，处于变动不居的流动之中。试图为人格打上固定标签，忽视在交互情境中动态变化的"主体间性"，难免有刻舟求剑的嫌疑。更别说全世界 70 多亿人口，高低错落地分配在 16 型人格中，也未尝没有些太过粗疏。从这个意义上讲，许多时候，如此测试当不得真，作为一则参考聊备一格、作为一份谈资丰富话题，也就足矣。

值得注意的是，无论普通人还是研究者都对洞察人格特质、努力了解自我充满兴趣。从古希腊时代"认知你自己"的谆谆教诲，到占卜术、星相学、塔罗牌，再到从写字看性格的"笔迹学"，今天被视作"非科学"甚至"伪科学"的东西，历史上或多或少发挥过满足人类好奇、积极心理暗示、协调社会关系的正面作用。打开这个视角再来检视 MBTI 一类的心理测试，我们能拥有更开放、从容的心态：只要不违背公序良俗，不衍生诈骗、赌博一类的违法行为，这种精度有限的自我探索都可以视作一种游戏。

所以说,与其沉迷于通过各种性格测试寻找自我、认识自我,不如抽空对学习、工作和生活中的自己加以回顾和审视。毕竟,更完满的自我来自一次次的实践与改变,更近乎善的社会离不开每个人积极主动的参与和行动。只有认识到这一层,才庶几接近了解内心、提升自我的真谛。

这正是:

人格变幻更无穷,测试岂能定始终。

自我提升路漫漫,知易行难在途中。

(文 | 杨翘楚)

067

当「80后」「90后」「00后」，开始立遗嘱

30岁的快递员小孙，在送餐中发生过一起交通事故，不久后他来到夕阳公益遗嘱服务中心，决心立一份遗嘱；22岁的小简，在ICU病房中看到全身插满管子的姥爷意识不清地躺着，姥爷离去后，他草拟了自己的遗嘱，写明银行卡密码、保单归属等。据《2021中华遗嘱库白皮书》显示，越来越多的年轻人选择三十而"立"——在青春壮年之际，预先定立遗嘱。2017年至今，80后立遗嘱人数增长近13倍，90后群体增长近10倍。

从法律意义看，以遗嘱形式明确突然发生意外时财产分配的意向和形式，指明遗产名称和数量、继承人或受遗赠人，是每个公民依法享有的权利。民法典规定，自然人可以立遗嘱处分个人财产，并可以指定遗嘱执行人。只要不是无民事行为能力人或者限制民事行为能力人，都可以立遗嘱，充分体现了法律对公民个人权利的尊重、个人财产的保护。无论年老年轻，只要财产来源合法，体现真实意志，遗嘱

都具有法律效力。

一份遗嘱, 折射出代际差异。从遗嘱中涉及的财产种类看, "80 后" 更关心房产, "90 后" "00 后" 更关心存款, 且虚拟财产占比很高。归其原因, 作为家庭顶梁柱, 中年群体辛苦赚钱买房, 为小家换取栖身之所, 房产自然成为财产分配的重中之重; 而很多年轻人除了日常开销, 存钱、投资占据了收入的一大块。在网络空间驰骋的他们, 以虚拟账号绑定现实财产, 在游戏账号、语音视频中消遣时光, 数字遗产成为他们遗嘱中的重要内容, 彰显出新的生活方式。

一份遗嘱, 照见了社会变迁。从遗嘱内容看, 不同年龄段关注的财产种类之别, 印刻着世界逐渐走向虚拟化的脚步。自动化办公系统和电子支付平台的一连串 "0" 和 "1" 的代码, 承载起物理世界的万千内容, 搭建起现实生活的百变场景, 正是时代发展与技术迭代的注脚。从遗嘱形式看, 在 "同居共财" 的中国传统社会, 往往只有作为家主的男性尊长可以在亲族之内支配财产; 而当下, 建立于法律保护私有财产权和继承权基础上的遗嘱, 不再是个别人的专利。一些年轻人在照顾家人的同时, 还选择将部分遗产捐赠给社会困难群体, 彰显浓浓温情, 折射观念之变。

问题在于, 年纪轻轻, 人生正处于爬坡迈步、加油提速的 "黄金时期", 为什么要立遗嘱呢? 调查显示, 担心突然去世、财产下落不明是重要原因。当人们周转于职场家庭的漩涡, 当内卷成为各行各业的感受, 当劳累生病不再是新鲜事, 当养生保健成为年轻人话题, 人们开始提前与衰老死亡这道终极命题相遇。订立遗嘱, 与其说是年轻人在考虑如何处置自己的财产, 不如说是思考如何让事业和家庭平衡兼顾、让岁月和人生和谐共处。

在古代中国, 儒家学者对待死亡命题, 既有 "事死如事生" 的郑重，也有"未知生焉知死"的悬置。在传统社会中，人们更关注于当下的社会与人生，往往将死亡当作六合之外、存而不论的话题，甚至认为谈论死亡不吉利。但毋庸置疑，任何人都无力改变生老病死的自然规律和天灾人祸的意外来临，死亡终究会有来临的一刻。订立遗嘱，正是现代人正视死亡的良好开端。越能凝视死亡的真相，认清死亡的本质，就越能理解生命意义，悟透活着的真谛，增加快乐健康、向阳而生的愿望和动力。

人生如山如河，总有关山难越、险滩难渡；生命如诗如酒，理应诗酒年华、仗剑天涯。必须看到，正视死亡不是轻视生命，恰恰是为了更好活着。八九点的太阳般光芒万丈，在分类遗产、订立遗嘱、为人生做好终极规划的同时，更要完善生命认知，加强健康管理。多运动、多微笑、多社交，建立个性化的健康管理方案，用积极阳光的心态面对生活工作得失，控制疾病的发生和发展，才是减少意外发生概率的关键所在。

作家木心说：岁月不饶人，我亦未曾饶过岁月。对待遗嘱的那份郑重，更应该成为编织生活的态度。握紧爱人的手，与岁月和平相守，认清自己的追求，一点点进、一步步走，在未知终点的人生中收获幸福每一天。

这正是：

遗嘱只是形式，日子继续前行。

生命如诗如酒，笑看风雨天晴。

（文 | 康岩）

日日徐行，2022 的年历即将翻到最后一页。时光匆匆，无需挽留却值得回望。365 个昼夜，就时针在表盘上划过的单调轨迹而言并无二致，但对于每一个你我而言，却是一段满满当当的生命体验。"年年岁岁花相似，岁岁年年人不同"，或许正是时间的辩证法。

2022 年，变化前所未有。俄乌冲突持续 10 个月仍硝烟弥漫，战争阴云又弥漫在巴尔干上空，变乱交织让国际关系空前承压。新冠疫情反复延宕，考验着各国国家治理的能力，也叩问着个体安放生活的选择。北半球夏季的滚滚热浪，展示了气候变化的强大威力。第 80 亿人口呱呱坠地，诉说着人口与资源的突出矛盾。世界之变、时代之变、历史之变加速演进，让我们更加理解"百年未有之大变局"的深意所在。

作为见证者，"无穷的远方，无数的人们，都和我有关"；作为亲历者，变化本身就是生活的常态。通过感同身受的共情与目睹耳闻的参与，变化一次次拨动着波澜不惊的心弦。冬奥盛会上苏翊鸣一飞冲天、徐梦桃振臂高呼，我们欣喜异常；中国空间站太空"安家"，C919取证试飞，我们无比自豪；"汶川哥哥"接力爱与希望，甘宇逆行救人死里逃生，我们热泪盈眶；送别英雄张富清，缅怀"常四爷""秦二爷"，我们无尽追思……世事流转的速度无法预期，每个人感受着变化带来的张力。

变化是永恒的。不过，人们总是需要为不确定增加确定性，以不变应对万变，在湍急的河流中锚定方向，让飘忽的箭头朝着靶心直直飞去。

调整心绪，帮助浇遣胸中块垒。2022年，透过"睡前聊一会儿"的记录，我们看到：直播间里，年轻人跟着刘畊宏减脂增肌，跟着董宇辉边看货边听讲，开辟了线上生活的更多可能性；户外场地，飞盘、桨板与露营，让无法畅享诗与远方的人就近寻找"松弛感"；乡村田野，新疆直播卖蜂蜜的"假背景男孩"，贵州山里的"村BA"，呈现着人们对乡土生活的热爱。在众声喧哗保持积极乐观，拒绝躺平摆烂，内心的稳定总能让生活洒满阳光。

守望相助，足以跨越现实沟坎。重庆山火，一边是通红火线，一边是不屈人墙，广大消防官兵和"摩托骑士"激荡男儿血性，只为保护身后的万家灯火；疫情防控期间，有业主自发组织团购买菜，有店家派发退烧药分文不取，有市民自发化身快递小哥，点燃了同心抗疫的火光。困难面前的无私援手，危险来袭的挺身而出，更能看出灵魂的高尚。一路走来，一个个平凡英雄同心协力筑起的精神堡垒，正是抵御风雨的底气所在。

国家实力，支撑巨轮行稳致远。不久前，"稳"当选2022年度国内字。稳增长、稳就业、稳物价、稳民生，我国顶住各方面压力，以发展之"稳"支撑群众之"安"，以经济之"稳"托举增长之"进"。另一方面，民有所呼，政有所应。人民群众对美好生活的向往，对民主、法治、公平、正义、安全、环境的要求，也将引领改革发展事业一往无前。

无限的过去都以现在为归宿，无限的未来都以现在为起点。过往的喜怒哀乐，都将刻印在时间的标尺，装进前行的行囊，去迎接下一段艰辛的跋涉。纵然"历史的道路不是涅瓦大街上的人行道，它完全是在田野中前进的"，但我们都应找准自己的坐标，以不变的初心应对变化的境遇，以不变的定力克服变动的艰险，以不变的信心迎接变易的世界，就一定能等到春暖花开、草木茂繁。

站在岁末年初的节点上，新的变化在潜滋暗长。渐趋繁忙的道路、拥挤的人群，让人看到复苏的景象。即将开启的春运，将承载起返乡过年、外出游览的人流，助力经济活力加速释放。时间的发令枪即将打响，开启新的赛程。我们难忘 2022 的起伏跌宕，更期待 2023 的崭新模样。

这正是：

昨日不可追，明日须臾期。

纵有疾风起，花开终有时。

（文 l 田卜拉）

牵挂是一个小小的摄像头，孩子在这头，老人在那头……

长大后，牵挂是一个小小的摄像头，年轻人在这头，祖辈在那头。如今，越来越多的人选择为家里的长辈加装智能监控。方寸大小的摄像头，实时展示着老人们的生活状况，架接起新的沟通桥梁。

年轻一代在外成家立业、分身乏术，祖辈安土重迁、难离故土，分居两地、天各一方成为时下许多家庭的无奈选择。第四次中国城乡老年人生活状况抽样调查显示，我国空巢老人数突破 1 亿。除了情感的羁绊，老人们的生活、健康、安全状况如何，也时刻牵动着家人与后辈的心弦。不少家庭出于安全考虑，将目光投向了智能监控。一位学者在鄂西某农村开展的调查显示，近八成村民在近三年安装了智能监控，成为用监控"陪伴"老人这一风潮的生动写照。

打开 App 查看实时画面和回放，动动手指切换镜头角度，点击按钮陪老人们说说话，还可以把画面分享给其他亲属，相比手机等媒介，时刻在线的智能监控让人们在面对意外或突发状况时能更快响应，令人心安不少。这种实时动态的数字陪伴，也帮助人们建立起和祖辈、与故乡更紧密的连接。

某平台上，"把镜头对准爷爷奶奶"的话题浏览量超 5000 万，天南海北的网友 po 出自家监控中记录到的日常：当摄像头里的声音传来，有人的第一反应是开门；外出归来的奶奶事无巨细地分享当日见闻；老两口在摄像头下旁若无人地拌嘴……那些令人忍俊不禁的片段，饱含真情的互动，稀松平常的画面，构成隔空陪伴的生动一角，带给亲人们无限慰藉，也以其真实的力量打动、治愈着围观网友。

镜头下的众生相里，温馨的画面、温情的故事不少，心酸的时刻、无助的体验也很多：苍白稀疏的头发、单薄佝偻的身影，衰老在高置的镜头里无处遁形；总是一个人静静地坐着发呆，无数独居老人的常态让孤寂溢出屏幕，有人形容"生活像是被无穷无尽的时间填满了"；回看视频发现老人不慎摔倒后久久难以起身，深深的无力感涌上心头……日常与无常交织，不加修饰的镜头让人们更细致地观察到老人们的生活，也更直观地感到空巢老人的不易。

技术的发展不断为人类社会提供新的解决方案，智能监控为陪伴老人提供了一个新选项。并且，从增添"跌倒检测"功能的摄像头，到具有双向视频功能的智能屏，设备持续更新升级不断提升着使用体验。但智能并非万能，技术终究只是辅助。情感上的需要，很难通过一根网线完全纾解，线下的高质量陪伴，也难以被一个屏幕简单代替。除了更好"看见"之外，在镜头扫到和扫不到的地方，空巢老人面临的诸多养老困境仍有待化解。

镜头对准的是祖辈，一键呼叫等功能也极致简洁，但在隔屏守望叙事中，掌握主动的往往是镜头另一端的子辈、孙辈。一面承载关切，一面意味着对隐私的让渡，刨除代际认知差异，智能监控对个人隐私的入侵仍无法回避。一部分坚决反对智能监控的老人给出的理由是"不自在"，这种不自在就源于时时刻刻被观看的"不安"与"局促"。如何更好平衡关心和尊重，值得另一端的年轻人思考。如何划分介入和侵入的边界，对产品的设计逻辑提出了更高的要求。这也启示着，无论是养老决策还是养老产品设计，老年人的真实需求都应该被更好看见和实现。

2021年，我国60岁及以上人口占全国人口的18.9%，65岁以上人口占比超过14%。在老龄化继续加剧的背景下，如何提升养老品质是不少家庭的现实考验，也是全社会的共同考题。我们期待技术进步为我们带来更多可能性，也期待整个社会一起努力，共同打造更加友好的养老环境，让更多老年人安享幸福晚年。

这正是：

隔屏守望暖，有空把家还。

营造好环境，共护桑榆晚。

（文 I 钟于）

2022 年 8 月，重庆山火成为全网焦点，牵动着全国人民的心。在各方的共同努力下，重庆森林火灾各处明火已全部扑灭，其中有些瞬间也将永远铭刻在人们记忆中。

回想这样的场景，仍让人心潮澎湃。各路而来的救援团队，重庆市民自发组织的志愿者，摩托车小伙支援山火救援……各行各业的人们加入到这场保卫家园的"战斗"中。面对肆虐的山火，不仅有冲在一线、昼夜鏖战的消防员、武警官兵、解放军等救援人员，也有向险而行、逆火而行的普通人，还有从云南、甘肃等地赶赴而来的救援力量。一次次爱心传递、一场场连续奋战、一趟趟运送物资，汇聚起赴汤蹈火护家园的磅礴力量，构筑成万众一心战天灾的牢固防线。

如果问起，在扑灭山火的过程中，哪些镜头最难忘，"摩托车骑士"会立刻跃入脑海。重庆山林茂密，山间的林道狭窄崎岖，摩托车发挥着无可替代的作用。40 多摄氏度的高温下，重庆的一队队越野摩托车骑手自发组成志愿服务队，赶赴一线支援、跟大火抢时间。其中，"龙娃子"让广大网友直呼"心疼"——累了困了，往头顶浇上一瓶水；中暑呕吐，扭头又跨上摩托一溜烟骑走。许多像他这样的外卖骑手，在面对山火时，变身成为"骑士"。没有从天而降的英雄，只有挺身而出的凡人。从这些"娃儿"身上，人们看到顽强的意志、不服输的血性，看到保卫家园的赤子情怀。

微小的灯光汇聚，铸就抗击火灾的长城——这是此次灭火战斗中具有象征意义的一幕。2022 年 8 月 25 日，当夜晚降临，北碚区缙云山展开灭火决战，山体一侧救援人员与熊熊燃烧的烈火搏斗，山体另一侧志愿者们在专业救援力量的带领和指挥下，以接龙的方式往山上运送灭火器、水等物资。从航拍的画面来看，志愿者头灯组成的光链也似乎在与蜿蜒的火舌对决。一束微光唤起另一束微光，汇聚成照亮黑夜的星河。在救援现场，随时能看到 100 多辆摩托车在飞奔，最多时有 2000 名志愿者同时在场；在距离救火现场较近的西南大学，师生主动上山挖起隔离带；"在路上，马上到""还有 8 分钟，等我"，在微信群里，消息闪烁，更多微光被点亮……每个人的热心和勇敢，都是守护身后万家灯火不可或缺的力量。困难面前无数普通人众志成城挺身向前，带给我们最多的感动。

"你守护山城，我守护你。"爱与奉献的双向奔赴，同样令人动容。云南省森林消防总队昆明支队石林中队指导员赵明奇说，这次来重庆参与灭火"长了见识"："第一次在救火现场吃到冰糕。不仅有冰糕，还有冰水、冰块，物资补给得很豪放。"大火被扑灭后，重庆当地群众自发相送千里驰援的灭火英雄们。敬礼致意、夹道送别、硬核投喂，甚至不开车门拿东西就不让走，网友调侃道："没端出火锅是重庆人最后的克制"……崇尚英雄、争做英雄，向英雄致敬并身体力行英雄般的壮举，共同完成了一次对山城人民"英雄气"的生动刻写。有人说，在这样团结而温暖、充满英雄气概的地方，有什么困难不可战胜？

"这是我的家，我不能不管。"在危难关头和紧急时刻，每一个普通人内心迸发出的家国情怀，是中国人最朴素而深沉、最广泛而强大的情感，构成了我们代代传承、不曾断绝的精神传统。有"00后"消防员直言，自己紧张也害怕，但"怎么退嘛，背后就是一个养鸡场，还有几栋民房，里面有几百只鸡，还有几个居民"。这种义不逃责、挺身而出的担当和蕴含于人民之中的打不垮、压不倒的英雄气概，也正是我们战胜一切艰难险阻的底气所在。

"开春一起去种树吧！"大火扑灭后，有人刚灭火归来就立马加入到严防旱涝急转的工作中，志愿者们继续上山清理垃圾，为植树做准备。青山重现，指日可待。

这正是：

战山火，这些人众志成城；

相守望，这座城温暖前行。

（文 | 常碧罗）

079

向祖国告白，这个仪式为何打动我？

"我爱北京天安门，天安门上太阳升"。到天安门广场看升旗，是不少人一直以来的心愿。国庆长假期间，仅 2022 年 10 月 1 日清晨，就有 20 多万市民和游客来到天安门广场。屏幕前还有许多人和他们一起，共同在注目五星红旗冉冉升起中庆祝中华人民共和国 73 周年华诞。

每天早晨天安门广场的升国旗仪式，是首都北京一道特有的风景。十多年前，笔者刚来北京不久，就曾和两位大学室友，在国庆前的一个深夜，骑着自行车前往天安门广场，等待着五星红旗与太阳一同升起。熹微晨光中，国旗护卫队迈着整齐、矫健的步伐，走过金水桥、穿过长安街，走向天安门广场升旗台。现场观众以庄严的注目礼，一直追随着国旗的行进。当雄壮的《义勇军进行曲》响彻广场，当鲜艳的五星红旗冉冉升起，熬夜的疲惫顿时烟消云散，心中满是激动与自豪——此生无悔入华夏！

升国旗仪式只有短短几分钟。随着技术的发展，如今我们可以通过各种媒介平台，实现同步观看。但为什么还是会有天南海北的游客，想来到天安门广场，亲眼见证国旗升起的那一刻？这还是源于心中爱国情怀的深情呼唤。尤其是在元旦、春节、国庆等特定的时间节点来看升旗，由此激发的浓浓家国情，更是会让人心潮澎湃。"人民共和国的精神与荣耀，无数为五星红旗牺牲的英烈与先辈，都值得这份彻夜等待和守望。"正如一位看过升旗仪式观众的感言，参加升国旗仪式这一活动，本身就显示了中华民族巨大的凝聚力和向心力。

爱国是最大的公约数，凝望国旗、高唱国歌是对祖国最好的表白。不仅仅是在天安门广场，从雪域高原到东南沿海，从塞北边陲到南国海岛，认真对待国旗、国歌、国徽这些国家的标识和象征，早已成为很多人深藏心中、见诸行动的真情流露。犹记贵州遵义红花岗区老城小学的一名小学生，在冒雨奔向教室过程中，听到了国歌响起，立刻停下脚步、站在操场中间，顶着风雨面向国旗敬礼，直到国歌唱完才跑回教室。2022 年国庆前夕，一段《义勇军进行曲》作为电影主题曲首次公开唱响的高清修复影像，在社交媒体刷屏，引得无数网友泪目。可以说，无论身在何处、无论时代如何变化，人们都会以自己的方式，表达对国旗、国歌的尊重与热爱，这是作为中国人的尊严和荣耀所在。

向国旗、国歌致敬，为伟大祖国祝福。看升旗、唱国歌，反映的是人们对生为中国人的由衷自豪。很多时候，我们也正是通过这样的仪式，更深刻地体会到"祖国"二字的含义，认识到每个人其实都是"小家"和"大家"的连接点。家是国的细胞和基础，国是家的延伸与倚靠。国家有更光明的未来，有赖于每一个人的努力和奋斗。在天安门广场，有留学多年回国创业的青年呼喊："到家了，到了咱们自己的家了！"有第一次现场看升旗仪式的军人感叹："好像听到祖国前进的脚步声，心里产生一种催人奋进的使命感！"处身祖国发展的大潮，致力民族复兴的伟业，需要每个人干好手中事、守好责任田、过好每一天，这或许是升国旗仪式带给我们的另一层启示。

从天安门国旗护卫队跟随日出日落举行万众瞩目的升降旗仪式，到边陲官兵高高矗立起"国旗墙"，再到航天员带着上百人绣出的国旗在太空遨游，我们既把五星红旗视为国家的象征、标志和符号，像珍惜生命一样爱护着她，更将其当作前进方向的指引，在日常仪式中体悟认同感、归属感，激发更强烈的国家意识、国民意识。"五星红旗迎风飘扬，胜利歌声多么响亮，歌唱我们亲爱的祖国，从今走向繁荣富强……"那一抹鲜艳的中国红，永远是你我心中最美的风景。培养爱国之情、砥砺强国之志、实践报国之行，我们将不仅成就更好的自己，更会成就更好的中国。

这正是：

五星红旗迎风飘扬，爱国豪情心间激荡。

汇聚奋进磅礴力量，书写人生精彩华章。

（文 I 吕晓勋）

一份『人类高质量礼物』，该是怎样的？

马上就到虎年春节了，莘莘学子和"打工人"们，不少已踏上归乡的路途，迎接阖家欢乐的幸福；准备就地过年的人们，也在异乡等待着辞旧迎新的时刻，筹划别样的过节方式。但无论如何，为爸妈、亲朋、孩子准备一份礼物、送上一份祝福是很多人的过年习惯。

但另一方面，越来越多年轻人表示摸不清"送礼"这门高深的学问。为了送出一份"人类高质量礼物"，有人还在社交平台学起了"送礼榜单"。"×××界的爱马仕""要小众到收到礼物的人不认识"……打开这些令人眼花缭乱的榜单，不少人表示：榜单没学会，礼物反倒不会送、送不起了。

人们常说：中国社会是一个人情社会。从过年回家、赴宴聚会，到冠婚乔迁、孝亲敬老，某种意义上说，礼物是人情往来的载体，是社会交往的润滑剂。事实上，不止在中国，人类学家莫斯早曾探讨过礼物在波利尼西亚社会中的作用。从远古到近代，把相对稀缺的物品送给他人，逐渐成为一种人际交往的习俗，也形成了渐趋成熟的"礼物经济"。

放宽历史的眼界，礼物的选择，也随着经济社会发展的脚步不断迭代升级。春秋时期，弟子从学孔子，需要一串"束脩"作见面礼；早在唐朝时期的中秋节，人们互赠月饼以取阖家团圆之意；20世纪80年代的手表、自行车等"四大件"，是男女双方结婚时聘礼或嫁妆的重要参考。时下，各类食品、保健品早不鲜见，平板、VR一体机等成为送礼新宠。不过，在礼物推陈出新的同时，也有人形成了攀比价格、比拼段位的送礼心态，成为年轻人的痛点。从电商平台的轰炸，到短视频博主的攻略，无不在制造送礼焦虑，加剧了人们的"选择困难症"。

实际上，困扰人的不是礼物本身，而是礼物背后的潜藏的功利目的、礼物段位标识的关系亲疏以及礼尚往来的社交成本。但说到底，礼物是一份情意、爱意、敬意，而不是糖衣炮弹。物质匮乏时代，礼物讲究实用性。一个玻璃瓶装的水果罐头，可以让北方人尝尝热带水果的滋味；一罐铁皮罐的麦乳精，也是孩子营养的补充剂。而在物质丰富的时代，礼物正在脱离物质属性，成为情绪的载体、心意的链接。因此，能否触动情绪共振、精神愉悦，能否体贴他人的心意、避免难堪，应当成为比礼物本身更重要的潜台词。

礼物不是绑定人情消费的物质纽带。一份带着关怀、满足实用的礼物，也能在瞬间融化冬日冰雪，温暖亲朋心间。对于勤俭惯了的长辈，礼物如果具有很高的使用成本，比如高级按摩椅、滤水器，很可能会被"束之高阁"；那些能够提供身份符号价值的奢侈品，不仅随着社会整体的物质丰裕而产生"边际效应递减"，更会因为过于贵重而给对方带来心理不适。相比之下，诸如为颈椎病患者送上一个好枕头，既针对实际需求，还能重复使用，这样的礼物价格不贵，但动了心思，用了脑子，送者不会盲目攀比，收者也能安心使用。

再稀缺的礼物，想方设法总能寻得；精神上的互通和陪伴，在当下时空中却不可复制。新春佳节，时间宝贵。帮父母捏捏肩捶捶腿，看看哪个关节疼哪个地方不舒服，听他们说说话唠唠嗑；陪孩子一起搭积木垒城堡，出门打雪仗堆雪人……归根到底，礼物是人与人之间寻找意义出口、情感联结的通道。其在物质上具有可替换性、可复制性，但在表达心意、承载爱意方面则具备专属性和唯一性。不要被"送礼榜单"迷乱了双眼，不要让一波波红包耽误了时间，充满温情的联系才会让年味愈发醇厚。

古时候，人们在春节祈岁祭祀、敬天法祖，谢上天所赋之赐，谢父母养育之恩。现如今，每个社会成员在春节这个民族节庆中，祈祷家和万事兴、国泰百姓安。对于每个具体而微的家庭，对于祥和美好的中国，每个人平安健康，扫清旧年余尘，不留悔恨遗憾，在新岁征程上踔厉奋发笃行不怠，就是最好的礼物。

这正是：

豪奢无止境，送礼莫攀比。

一片真情意，暖流注心底。

（文 I 康岩）

一年一度的催婚催生季即将来

春节假期在即，不少人已经欢欣雀跃地踏上了返乡的旅途。也有人因为新冠疫情选择就地过年，避免因为团圆造成防疫风险。但也有一群人，哪怕能够回家，却越是临近放假，越坐立难安，不想回家、不敢回家的情绪汹涌，倍感"压力山大"。

俗话说，有钱没钱，回家过年。千百年的沿袭传承中，春节被赋予了独特的意义。共欢新故岁，迎送一宵中，阖家团圆成为春节最重要的主题。老舍在《北京的春节》里说，除夕这天，"在外边做事的人，除非万不得已，必定赶回家来吃团圆饭"。时至今日，尽管许多年俗已经改变，但每到岁末年终，回家的计划就会自然而然地提上日程，如瓜熟蒂落、水到渠成。

时过境迁，团圆的主题不变，回家过年的考量，却变得复杂。学生回家怕问学业，工作了则怕问收入；单身的怕催婚，已婚的怕催生。曾以为回家是远离现实压力、回到温馨港湾，实则却是要被迫暴露人生、剖析自我的一场拷问历险。面对父母事无巨细的嘘寒问暖，面对亲戚不管不顾的灵魂拷问，年轻人难免产生边界被打破、自由被干预的束缚感。加之近乡情怯，尽管走上自己的人生，但自认为未达到家人的期待，面对熟人社会的比较，迈向家的脚步也变得沉重。

再加上生活习惯不同、社交理念的差异，在外独自一人潇洒自由惯了的孩子，难免会跟长辈与家人"节奏"不同。久别重聚的热络劲儿过去，在家多待几天，也难免因为做不做家务、要不要早起、去不去走亲戚之类的问题产生小摩擦。由此也不难理解，为何每逢假期，常常有人感慨，回家的新鲜感不超过三天。与父母相处"远香近臭"，也不无道理。

必须看到，回家焦虑症，不少源于传统家庭对爱的笨拙表达。对父母而言，嘘寒问暖背后，是一种迟到的关心。即使知道孩子能把自己照顾好，但依然忍不住多问两句、多了解一点，以絮絮叨叨弥补没能陪伴的遗憾。当父母无法继续为儿女的成长指路，询问工作、朋友怎么样等细枝末节，成为表达爱意的朴实方式。或许笨拙，却值得子女拂去尘埃看到本质。

从更深层次看，"家"这个始终能够带来安全感的温暖港湾，也在不知不觉中发生变化。在流动社会中，当习惯了大城市的生活节奏，故乡有时无法提供完整的归属感；而那个与童年记忆中不一样的家乡，也可能令游子不适。当现代文明让更多人成为异乡客，漂泊的无"根"之感也自然升腾。

古人说：此心安处是吾乡。故乡或许未必如想象中那么浪漫。抛开返乡在生活、社交的不适，我们不妨回到"家"的本意。不想回家的理由有很多，但焦虑之所以形成，就是因为这些理由都无法阻断最深的牵挂。倘若真能毫无牵挂，倒也不存在返乡焦虑了。尽管可能吵吵闹闹，但还是贪恋在父母面前重新做回孩子；尽管要面对碎碎念，但也享受着这样直白的关心。从这个意义上说，回乡只是形式，团圆才是关键。回乡过年也好，异地团聚、线上团圆也好，都无碍于表达爱意。

平日里的问候，逢年过节的祝福，相隔千山万水，心底的惦记始终牵引着团聚的方向。如果能够回家，年轻人不妨多一些与父母相处的时间，用沟通弥合代沟。家人也应意识到：曾经的孩子已经成长为有更强个人意识的大人，需要尊重他们的选择，让他们开启自己的人生。相聚太短，不如敞开心扉、理解体谅，让宝贵的团圆时间更温情更滋润。

这正是：

沟通无嫌隙，天涯亦咫尺。

不拘归故里，爱意在心际。

（文｜徐之）

——"宁愿宅在家里也不愿意去聚会，宁愿打字也不愿意接视频电话，宁愿绕路也不愿和熟人打招呼。"

——"看到认识的人走在我前面，会默默走在后面，走得特别慢来拉开距离；看到认识的人走在我后面，会走得特别快，同理，拉开距离。"

——"打电话之前会紧张到心跳加速，从不接陌生人电话，连10086都不敢打。"

……

如果你也有类似的经历和想法，那大约也是患上了所谓"社交恐惧症"。有调查显示，八成受访大学生表示自己存在轻微"社恐"；以"社恐"为关键词在社交平台检索，相关话题达上百个之多，话题总阅读量突破亿次。看来，生活中的"社恐星"人还真不少。

当下不少人总爱挂在嘴边的"社恐"，大致是指不愿意与人交往、不擅长与人交流的一种状态。"别人的热情对我来说就是负担"。"社恐星"人仿佛无法承受过多的目光与注视，只要不跟人类打交道，一切都很舒适。日常生活中人们提到的"社恐"，与其说是种"病态"，不如说更像是一种观念、一种认同。年轻人假"疾病"之名，回避老一套的社交原则，从而拒绝所谓的"无聊社交"。

"遗世而独立"，正在成为不少人的现实选项。数据显示，目前中国"空巢青年"（一人户数）已超 1.2 亿，并且呈现持续增长的趋势。在时代的浪潮中，既有"你中有我，我中有你"的视角，也有"我就是我，你就是你"的姿态。随着城市化进程的提速，高度发达的信息时代，为现实生活中个人的原子化生存带来便利。尤其是在日趋强大的互联网面前，越来越多的人过着"网上生活"，反过来挤压了"线下空间"，低头族、宅文化、社交恐惧……正成为一些人"现代生活征"的突出表现。

其实，无论是自我标榜的还是客观存在的社恐，在很大程度上都折射出当代年轻人对自我的关注、对独立的追求。问候寒暄、推杯换盏、你来我往，意味着人的"社会化生存"。而退居"社恐星"，则意味着在人际关系中对自我感受的强调，在社会交往中对个体地位的彰显。更何况，社会分工的细化、社会环境的复杂，导致人和人之间的交往的减少、情感的疏离，也导致个人面对他人和社会时的紧张和焦虑。这些都让不少人在工作之外，更愿意在一个自我的空间内保持独立。

对于一部分"社恐星"人来说，过好一个人的小日子，享受"独与天地精神往来"的自在逍遥，未尝不是一种惬意选择。但若只是为了逃避现实生活的压力、掩饰自身的失落与焦虑而退居"社恐星"，无疑是将自己推向更加"无处安放"的边缘地带。"嘤其鸣矣，求其友声。相彼鸟矣，犹求友声。"社交是人类的刚需，更是人类社会正常运转不可或缺的元素。在网络上，有不少"社恐星"人抱团取暖小组，大家讨论生活中的"社死"现场，聊聊在现实中不敢打开的心境，很有共同语言。事实上，大多数"社恐星"人还是想社交，却又不会社交，慢慢就变成了不敢社交。

社会就像一部大书，每个人是其中一页，但不能"不容许被阅读"。在某些地区，部分亟待"治愈"的"社恐星"人已经行动起来，在自己居住的社区中进行多样探索。从沙龙、分享会、公开课的交流，到瑜伽社、足球社、吃货合作群、烘焙美食群的沟通，渴望改变现状的"社恐星"人，只有放下对社交的畏难情绪，唤醒沉睡的社交能力，自信地走进现实中的公共空间，才能建立长期、健康的人际关联。

这正是：

总是互相回避，没有共同话题。

——不熟，不熟！

寻找情感共鸣，何必彼此平行。

——老铁，老铁！

（文 | 曹怡晴）

朋友圈的匿名提问箱，能治好「社恐」吗？

　　"欢迎向我匿名提问！"在社交平台上，你有没有看到过这样的链接？发布链接的开箱人发布提问箱，便会收到五花八门的匿名问题。"有没有喜欢的人""推荐一本书""你如何看待友谊"……关于生活、爱好，关于感情、思想，各个领域都可能涵盖其中。

　　小小一箱，匿名来往，有人直呼，"社恐"友好。匿名提问箱可谓打开了当下网络社交、熟人社交的新型互动方式。匿名提问箱具有一定的开放性，用户可以自行选择投放提问箱的人群、时间和公开回答的问题，使发布者占据交流上的主动，一定程度上提高了网络社交的舒适度。与此同时，参与提问的朋友可以在信箱中隐去身份，开辟了熟人平时碍于面子而不会谈及的"隐秘角落"，制造出"熟悉陌生人"的反差感。这样的"提问—回答"增添着戏剧性和满足感，让人感觉到总有人相伴左右、可以抱团取暖。

　　客观来说，匿名提问箱在朋友圈走红，很大程度上源于其"匿名"特征拉开的社交"安全距离"。在提问箱中，开箱人只会看见一个个没有来源的问题，那些平日里因怕被拒绝或碍于身份而"不敢说出口"的话便得到了释放。可以说，提问箱的匿名性降低了对话难度，在一定程度上消除了"社恐"。除此之外，有网友表示，自己跟好友发生矛盾后，会主动去对方的提问箱中寻求和解，双方也都"看破不说破"，反而能收获更多理解。匿名提问箱构建的安全社交距离充当着给彼此下的"台阶"，淤积的矛盾得以疏通冲散。正因如此，匿名提问箱在促进理解和维系情感中发挥出了积极作用，一种社交安全感也油然而生。

然而，这种安全感可能并不周全。一个个"赤裸"的问题、一句句坦诚的想法，反馈出提问者在友人心中的形象。开箱人从这种反馈中明晰对自身形象的认识，勾勒更为完整的自我画像。其实，通过匿名提问箱确定自身形象只是一方面，另一方面还是要从中确定自己是否被接纳。不少网友表示，自己在开箱子的时候心中多有忐忑，担心自己的箱子无人问津。将提问箱是否热闹与他人是否喜爱挂钩，恰恰揭示出了一部分年轻人对自身的不确定感、社交上的不安全感。某种意义上说，匿名提问箱在试探他人对自己真实看法的同时，也是自身对社交关系的一次重新审视。

从根源讲，匿名提问箱带来的安全感并不牢固。虽然具体的身份和名字被隐去了，但那些对自身形象的不确定、那些对他人评判的不自信，其实是挥之不去的，反而因为匿名而更加凸显。此外，匿名提问箱还容易让人产生对"匿名社交"的依赖，从而削弱现实生活中"面对面"的交往。有专家表示，通过匿名提问箱这种方式，双方之间并没有构建起完全的信任，反倒有加剧不理解的可能性。因此，若想真的治愈"社恐"，相比于在虚拟世界戴上各种面具然后无话不说，

093

在现实生活中勇敢迈出坦诚相待第一步可能更管用些。

有人调侃，"匿名的保护罩本想给每个'社恐'一个家，但真'社恐'其实连盖房子的砖都没有。"可见，匿名提问箱并不能为一些年轻人提供战胜"社恐"的技巧和勇气。社交是一种能力，需要"熟能生巧"。对自身安全感的构建，归根结底还得靠自己努力添砖加瓦。只有打开心扉、敞开怀抱，我们才能真正在以心换心的社交上收获信任、收获真诚、收获友谊，给自己夯实稳固而有力的安全感。

这正是：

匿名提问忙，难掩心茫茫。

不如当面唠，治愈社恐伤。

（文 l 崔妍）

『友谊的小船』说翻就翻？你眼中的友情必备哪些特质

有人说，能和亲情、爱情相提并论的，也就当数友情了。不管你是天真烂漫的孩童、意气风发的少年，还是沉稳厚重的大人、自得其乐的老人，对此一定或多或少都有自己的观察和体悟。呼朋唤友的酣畅，相知相伴的慰藉，两肋插刀的帮助……关于友情的点点滴滴，都在试图回答和解释人与人之间的复杂关系。只不过，这艘"友谊的小船"，也会在时代的潮汐中飘摇起伏。

与友情有关的故事，往往伴随着人的一生。有人走近，自然也有人离开，在变动不居中推动时间的坐标向前。一份针对友情观的调查显示，大多数人的亲密好友不超过5个，每10个人就有一个无人可以倾诉。有很多人无比珍惜友情，认为友谊是生活的必需品。小到公园商场一定要一起逛，大到人生大事都要一起商量，这是一种互相需要的情感，更有一种彼此认可的价值。不过也有人觉得，所谓友情，不过是一个人对另一个人思维和情感的自我投射，三观不合大不了一拍两散。正是种种看起来都自洽的逻辑、想一想都有道理的思维，共同造就了我们周遭关于友情的不确定性、关于人际关系的不可控性。

而这一切，在数字时代更加扑朔迷离。一直以来，从管鲍之交、挂剑之交，到刎颈之交、鸡黍之交……那些被歌颂的佳话，无不来自双方共同的经历、精神的互动，纵然萍水相逢也能一见如故。然而，纵观今天的点赞之交、弹幕之交、评论之交、游戏之交……在称兄道弟的只言片语中，在情同手足的推杯换盏时，在千山万水的随心所欲里，"交情"似乎张口就来，"友谊"好像信手拈来。这其实不难理解：人海茫茫、时光匆匆，每一次相遇都有可能是转瞬即逝的插曲。于是，与其患得患失，倒不如索性张开双臂，去拥抱表面笑嘻嘻的"塑料姐妹"，去结交酒醒后想不起名字的"豆腐渣兄弟"。

不过，如果由此得出"友谊变淡""友情变味"的结论，未免有失偏颇。很多时候，相比于爱情的苦苦求索、亲情的种种羁绊，友情的珍贵愈加凸显。调查中有这样一个问题："哪些词更符合你对友谊的理解？"高居前三位的，依然是"支持、陪伴、互助"。事实上，很多人关于友情的定义越来越开放，对于友情内核的理解却越来越传统。"能聊得上天、吃得上饭"固然让人欣喜，"平时不怎么说话，但关键时候能搭把手"更让人感动；"一起愉快吐槽"已经足够难得，"一场灵魂深处的对话"更令人期待。正如有人说："唯有遇到真正的朋友，才能收获真正的友谊"。不需要势均力敌，更不用言听计从，只追求"恰到好处"——毕竟，诚实而有意义的交流，才能缔结真正令人信任的关系。

一位作家如此形容数字时代的友谊："我们时常感到孤独，却又害怕被亲密关系所束缚。"比想象中深情，也比以为的冷漠，是很多人的自我画像。对友情的莫衷一是，恰恰倒映出人们情感世界的边际效应。两个人相遇相识，就像平面上两个圆的相互关系。无论是相离、相交还是相切，这取决于一个人对自己的认知、对他人的认识，也必然会受到他人对自己看法的影响。再孤独的内心，恐怕也不欢迎指手画脚的"友情司令"；再热络的态度，也没有必要充当无微不至的"友情保姆"。在发现自己的同时也发掘友情，在享受友情当中更保持自我，或许这才是心与心之间最恰当的距离。

这正是：

各自随意，彼此在意。

（文｜于石）

"情绪价值"，处理人际关系的万能法宝？

热衷于网上冲浪的朋友，对"情绪价值"一词大概率不会感到陌生。在社交平台上，它是人们情绪表达时的高频词；在情感课程中，它是决定人际关系质量的关键因素。无论是职场、友情还是亲情、爱情，无论是社会交往还是亲密关系，情绪价值承载着许多人关于自我调适、人际交往的诸多困惑与期待。

"情绪价值"一词起源于营销领域对消费者体验的关注，包括消费者感知到的情绪收益和情绪成本，前者为积极情绪体验，后者为消极情绪体验。为消费者创造积极正向的情绪体验，是重要的营销手段之一，有助于提升产品和服务的竞争力。这并不难理解：我们常常因外卖、快递商家随商品附赠的一句走心话语而会心一笑；也会被健身直播间里热烈的氛围激励和感染。所谓消费升级，就包含从关注商品服务质量到同时关注消费体验的转变。正是在这种背景下，深挖消费者或者用户的情感诉求、找准情绪发力点，打造独特场景、营造适宜氛围，寻求与消费者的情绪共鸣、情感共振，成为许多品牌、商家努力的方向。比如，有的公司就打出了"专注创造正向情绪价值"的口号。

在心理学领域，情绪价值被界定为一个人对他人情绪的影响能力，这为解释人际关系中的诸多现象提供了新的视角。向内看，对正向情绪的需求与生俱来。谁不希望在遭遇负能量的时刻，有人理解接纳、关怀抚慰；又有多少人能拒绝来自家人朋友同事甚至陌生人的夸赞认可、肯定鼓励。那些舒适愉悦的情感体验，就是一次次心灵充电、精神疗愈，给人突破阴霾、一路向前的力量。向外看，人是社会性动物，人与人之间的情感交流时时刻刻在进行，与他人建立高质量连接，情绪的作用不可小觑。如今，情绪价值的话题热度高涨，一方面显示出人们更加关注自我感受、注重情绪健康，另一方面也折射出寻求关系构建与维护的方法论需求旺盛。一份分析当前社会婚恋观念和情感需求变化的报告就显示，关于恋爱的情感学习需求明显增多。

情绪价值不少人渴求却并非人人懂得，其间的"信息差"让许多商家找到了流量密码、看到了商机。当前，以情绪价值为核心的培训课程层出不穷：从"如何提供情绪价值"到"王者型情绪价值操盘指南"，标题总能牢牢抓住一些人对快速学习情感秘籍的好奇心；一些名为"交际沟通训练营"的课程，号称"可以有效改善社交恐惧，快速积累人情世故"，实则教授内容不外乎聊天中多使用可爱表情包等"话术"……铺天盖地的营销制造了这样一种假象：从职场到情场，情绪价值俨然成为人际交往的万金油；从认识论到方法论，凭借三点经验、五点技巧就能成为情绪价值的操盘者。

平心而论，观念上的重视、技巧上的加持，或许可以在一定程度上起到心灵抚慰剂、关系润滑油的作用。然而，这些人人可上手、可操作的"指南"真能长期奏效吗？恐怕并不尽然。毕竟，每个人的情绪能力大相径庭，每个人的情绪需求天差地别。况且，从成功学、情商课到心灵成长班，类似的话术包装已不鲜见。情绪价值能力或许可以培养，却未必能速成；流水线式生产出来的模板化、机械化教程看起来实用，却难免少了些温度和针对性。也正因如此，在为情绪价值营销付费之前，恐怕还需多一分对自身需求的审视、多一分对商家宣传话术的审慎。

提升情绪价值也好，给予情绪价值也罢，情绪价值的重要性不可否认。但如果赋予其超出承载范畴的意义和期待，反倒有可能局限了自己、裹挟了他人。更别忘了，总是让他人感到舒适、愉悦和稳定是一种能力，做好自己情绪的主人也一样。一味依赖他人的情绪反馈，可能会影响情绪自我供应、自我调节的能力，也容易给别有用心之人以可乘之机；过度输出情绪价值，也可能是一种巨大消耗。人与人的交往或许没有什么标准答案，在学习沟通技巧的同时，不要忘了真诚才能真正触动人心。

这正是：

提升情绪价值，真心不能缺席。

（文 | 钟于）

有人说，网上聊天开启容易、结束难，不是需要嗯嗯啊啊地告别几番，就是互抛表情包若干轮才能体面再见。明明早就兴趣索然，但却未能在合适的时间结束对话。移动互联网越发发达的今天，说话的节奏和礼仪悄然发生着变化。不知你是否有同感？

一项涵盖恋人、亲人、朋友的调查研究认为，人与人之间的对话几乎不可能在彼此都想结束的时候默契结束，对话双方也很难猜出到底是不是只有自己在想"求求了，别聊了"。据统计，人们平均认为自己比对方约早 4 分钟就想结束一段对话。现实中，无论是熟人还是陌生人，一般都会在尴尬的路上多聊几句。这个时候，表情包或可爱、或搞笑的属性，似乎正好发挥出"敷衍又不失礼貌"的作用。

发几轮表情包才结束对话，其实算不上什么新鲜事。近年来，无论是聊天软件还是社交媒体，越来越多的对话界面默认支持表情包，甚至平台还会开发专属于自己的 IP 表情。商业领域之外，不少人通过把自己与动漫形象合拍、用小视频合成等方式自制表情包。可以说，在语言文字之外，蔚为大观的表情符号逐渐成为一门全球通行的语言。在这种崭新的沟通模式下，相互之间通过发表情包来表达情绪内容，提升了沟通的趣味性，也能拉近彼此距离，有效避免文字"尬聊"。

但主动斗图不同于无奈跟图。表情包比文字包含了更多语境符号，为主动斗图提供了可能；但表情包包含的语境符号仍然比不上面对面交流，无奈跟图也成为一种必然。详细来说，在人与人的交流中，纯粹语言或文字能够表达的内容只有约一半。另一半是由表情、体态、语气甚至谈话者之间的距离等细节"无声"展开的。正所谓"察言观色"，这种根植在我们基因和社群默契中的习惯，在移动互联网的"文字对谈"时代，刚好需要含蓄、象形的表情包来填补。但正如此前我们聊过的"笑哭"表情包含了自嘲、讽刺、服软等多种情绪，表情包虽比文字形象生动，但其在表意上仍具有模糊性，使人们未必能够破译表情后的真正意图，只好多发几轮，避免发生误会。

虚拟世界的对话背后，是真真实实的心灵感知。自己聊累了，出于时间考虑应当停止；但万一别人还想聊呢，出于礼貌和对他人感受的顾忌只好继续下去。即便有人表示，自己会遵循特定的"结束礼仪"，来不失礼貌地暗示对方。但无论是特意制造的短暂沉默，还是表示"今天聊得很开心"，抑或是发送表示佛系的表情，互联网世界并没有形成相对一致的"结束礼仪"，这使得结束一场对话并不如想象中那么容易。

让表情包表意更精准，似乎可以解决这一问题。但操作起来何谈容易。有人干脆认为：习惯于互联网社交的我们，应该更多回归现实世界，在促膝相谈中享受畅快交流的快意。但从另一个角度看，互联网带来的改变难以逆转，身处数字时代的我们，无法让生活如数回归线下。不妨想想，除了写作业、拟公文，你有多久没写过超过100字的句子？写信、发电报甚至发短信都要求我们一次说完一个意思，但技术的变化是否在无意间改造了你说话的节奏？既然大潮浩浩汤汤，那就让我们去拥抱它吧。当线上交流中模拟线下、身临其境、尽量简单成为趋势，我们会失去一些留白的气口、遐想的空间、个性的表达，但又何尝不会在碎片化、高频率、全时空的交流中找到适应新技术的新状态呢？

事实上，无论文字交流、发表情包还是当面说话，语境始终存在，无非复杂程度有高有低。人作为"高语境"生物，读懂话外之音是无法避免的功课。从这个意义上说，无论什么沟通形式，只要是真诚、友善、有效的交流，那就是人间值得。

这正是：

古有诗文唱和，今有表情轰炸。

线上交流标新，线下更有牵挂。

（文 | 周公）

朋友的吐槽，无法共情却不能置之不理；长辈来催婚，不胜其烦但又避无可避；一段对话，明明已经词穷却不知道该如何礼貌结束……日常生活中，你是否也遇到过类似的"社交无能"时刻？面对窘境，适时说几句无伤大雅的万金油式"片儿汤话"、甩几张诙谐可爱人畜无害的表情包，既免去了相顾无言的尴尬、不至于因态度冷漠伤害到人际关系，也不会过度消耗自己的心力。互联网上，越来越多人修炼起了"社交糊弄"的功夫。

所谓"社交糊弄"，指的是以看起来不敷衍的方式，去应对生活中难以推脱的社交。有人贴心整理了百试百灵的社交糊弄法则：入门级的糊弄，有及时抓住对方关键词予以肯定的"同义反复"，如"你说得很有道理啊""那确实"；也有专注于营造氛围的"夸张回应"，如以感叹词或一大串"哈哈哈哈哈"实现与对方的同悲同喜。更高阶的糊弄则化身"捧哏"，通过"然后呢""你怎样解决的"等语句引导对话延续，满足对方的倾诉欲。

法则虽简，却包含了积极健康的人际关系必备的一些元素，比如关注、倾听、共情等，核心要义是放大情绪、模糊观点。无论出于何种原因，当人们想从"被迫社交"的场景中脱身，便可巧妙利用这些"太极话术"，为自己搭建一湾低成本的社交"避风港"。

"糊弄"这个略带贬义的词汇，也折射出移动互联网时代"交流的无奈"。英国人类学家罗宾·邓巴曾提出一个著名的"邓巴数字"定律，即人类拥有稳定社交网络的人数上限大约是150人。但在社交媒体高度发达的当下，人与人的相遇变得容易了，不少人的联系人列表早已动辄上千人。对许多人来说，从容地应对膨胀的社交并非一件易事，社交速度和社交密度增加所带来的"社交倦怠"，已成为实实在在的时代症候。

在这个互联网无远弗届的时代，"社交糊弄"恐怕也是保持边界感的一剂偏方。长期以来，社交网络重塑着人与人的关系和交往。从"点赞之交"到"文字讨好症""社交糊弄学"，再到"群体性孤独"，不断涌现的网络热词，正是人们对网络社交模式和边界的不断探索以及反思。面对碎片化、并发式、即时性的线上社交网络，在一些分身乏术、难以感同身受时刻，用一些无伤大雅、不甚费力的小技巧，既照顾到对方的情绪，又容许自己拥有几分"留白"或许正是夹缝中的"最优解"。换个角度，当社交过载的压力袭来，"社交糊弄学"悄然走红或许也是一种提醒：除了被迫糊弄，学会"数字减负"，适度"反连接"，也是当代人必修的媒介素养。

话说回来，尽管"社交糊弄"已成为许多互联网冲浪儿心照不宣的社交技巧，但正如豆瓣"糊弄学"兴趣小组介绍中所说的，人们奉行的，是"清楚自己可以糊弄的范畴，而有选择地糊弄"。偶尔糊弄，

105

张弛有度；过度糊弄，容易翻车。无论面对面，还是屏对屏，社交的底层逻辑始终不变：既要有赤子心，又要有分寸感。用心才能交得朋友，真诚才能赢得信赖，适度才能处得舒服。社交或许可以糊弄，但友谊是糊弄不来的。

这正是：

偶尔糊弄，交际有弛有张；

不失坦诚，友谊地久天长。

（文 | 成森)

「我爸退群了」，家人的潜台词你听懂了吗？

近日，有网友晒出这样的聊天记录：自己分享欲爆棚的父亲，在家族群滚动分享各种生活点滴，却应者寥寥，最后愤而退群。

接受采访时，这位"退群爸爸"表示，真心分享得不到家人回应，心里颇感失落，但也能理解群里的"冷清"，毕竟大家工作生活很忙。有不少网友晒出爱在家庭群里分享的"同款"长辈，其中还有在群里"几进几出"的——失落、扎心是真的，但家人间的羁绊更是无法割舍。也有人坦言，家人分散在不同地方，每天忙着自己的生活，不可能对每条分享都逐一回复。更何况，大家个性不同，有些人分享欲太强，而有些人偏爱清净……人情亲情交织，或许难言其中孰是孰非，但一幕幕似曾相识的场景背后，是家人深沉隐秘的内心独白。当越来越多的生活与思绪寄寓在移动互联网之中，精神赡养、数字陪伴，也应当成为家庭成员的必修课。

老年社会学认为，人的衰老是双重的。除了我们更容易关注到的身体变化外，精神层面也同样值得关注。很多老年人有这样的心结：昔日是家庭的"顶梁柱"，今天却变成"重点保护对象"，被需要得少了，在家庭中的价值感也弱了。面对衰退的身体机能，老年人渴望认同的心思不比年轻人少，但难免因为儿女长大成人、成家立业，而让被倾听、被看见、被认可的机会越来越少。

正是在这个意义上，我们或许更能理解，为什么总会有顶风冒雨跳广场舞的叔叔阿姨、颤颤巍巍也愿意照看孙辈的爷爷奶奶，还有即使应者寥寥也言说不止的银发一族……可以说，让老人在吃得饱、穿得暖的基础上，尽可能地葆有自我效能感，离"人老了不中用了"远一点、再远一点，是精神赡养不可或缺的课题。

在类似的案例中，年轻人也有自己的苦衷。工作生活快节奏、时间碎片化，常常不是不想回复，是真的没时间、没精力，甚至是没注意到家人的分享。昔日里大家庭群居的生活模式越来越少，单人家庭、候鸟式养老、城市间穿梭构成新的生活场景。见一面促膝长谈、抱一抱互诉衷肠的亲子交往甚至显得有些"奢侈"，更多时候，移动互联网成为代际交流的主要空间，数字陪伴成为高质量生活的必要选项。

文章开头的那位"退群爸爸"，目前还没有加回群聊。但令他感到开心的是，他们的家族群热闹了起来。比起以前经常收不到回复，或是只有表情符号，现在无论哪个亲戚再往群里发什么内容，都会有人关注、有人回复，甚至打上三四行字谈自己的意见和感受。他和女儿也收到了很多朋友和网友的反馈，很多人表示之前确实不看父母发的内容，也不爱回复，但现在会认真地倾听和表达。站在对方的角度换位思考，更珍视彼此，更以心换心，这是这个家族群又火起来的秘诀，也让更多人反思与父母、长辈、亲戚的沟通与交流问题。

　　不管怎么说，一位普通父亲退出家族群，能够引起大量网友的围观议论，倒是道出了一种脉脉温情：在无数个叫"相亲相爱一家人"和"我爱我家"的家族群里，或许我们不是最活跃的那个，但在内心深处，家人永远是我们最柔软的部分。即便我们不可能做到对家人永远在线，但感念父母、孝亲敬长的心永不离线。听懂父母的潜台词、为他们创造一个更好的晚年生活环境，既是做子女的义务，也是作为社会一分子的责任。

　　这正是：

　　天意怜幽草，人间重晚晴。

　　越鸟巢干后，归飞体更轻。

（文丨如风）

文

艺

"00后"很美好，"00后"难伺候：新观影主力因何不同凡响？

元旦档刚刚过去，春节档已经在来的路上，这几天，电影成为了大家茶余饭后讨论的重要话题。2022年元旦档总票房数超10亿元，电影本身收获的评价却参差不齐。而无论是贡献票房还是发表评价，"00后"群体都发挥了重要作用。研究发现，过去一年中有将近20%的影票购自"00后"消费者，他们是增速最快的观影人群。事实证明，"00后"正在崛起为影响中国电影行业的一支重要力量。

"00后"将成为观影主力完全在情理之中。从整体看，他们中的很多人已经步入成年，消费观念更加开放，拥有一定的消费自主性，并且生活压力相对较小。当一位"85后"网友评论说："工作和生活就够累了，哪能像年轻人一样又花时间又花钱地去看一场电影"，"00后"却拥有更多在光影世界中遨游的闲暇与期待。观影人群不断发生新陈代谢，这本身就是时光流转、岁月更迭的一份注脚。

有趣的是，此前也有报告显示：近年来观众平均观影年龄正在增大，24 岁以下观影人群占比起起落落。这从另一个侧面说明：尽管"00 后"正在成为电影人最关心的"座上客"，但他们对电影有着更加独立的判断与选择。当网游、短视频、密室逃脱、喝咖啡、打卡拔草等丰富多彩的生活选择纷至沓来，电影对年轻人的吸引力难免会受到挑战。正如有人所说：这些年轻人中的大部分，只是观众，甚至只是看客，而非影迷。当"00 后"到了品读电影的年纪，但他们没有非看不可的动力，势必会用自己略显挑剔的眼光为电影"打分"，甚至以不看的选择"用脚投票"。

一些电影从业者反映：传统的电影宣发方式在"00 后"身上失效了。很多电影在前期宣发时赚足噱头，却在首映后高开低走，很大程度上是因为在互联网的加持下，"00 后"早已不是电影的被动接收者。他们往往独立地发出自己的声音与看法，把"口碑"二字对电影的影响放大到前所未有的程度。"00 后很美好，00 后难伺候。"如何精准把脉这些年轻人的喜好，电影行业有必要作出改变。

"00 后"不仅给电影行业带来新票房、新气象，更带来了新挑战、新机遇。举例来说，在 2021 年公映的影片中，"80 后""90 后"观众会青睐于一些带有怀旧剧情的影片，而"00 后"观众却成为《我的青春有个你》《你好世界》等电影的主要观众。作为热衷 IP、喜爱周边的一代，"00 后"用潮玩、汉服、二次元等元素不断拓展着电影产业的边界。如何为"00 后"打造类似于迪士尼、漫威的"IP宇宙"？如何抓住"00 后"偏好拓展电影价值链，打开行业新窗口？在这方面，近年来中国电影依托本土文化资源作出不少努力，但依然有很长的路要走。

需要说明的是，"00 后"不沉迷电影，但"00 后"不拒绝好电影。比如 2021 年上映的《我的姐姐》《中国医生》曾引发年轻群体的热烈讨论，《我和我的父辈》《长津湖》等主旋律电影也成为"00后"的"心头好"。要看到，"00后"思维活跃、情感丰富、与公共环境接轨的意愿强，他们不只关心符合自己喜好的新作品，也同样能在电影中紧跟社会潮流，找到自我认同，找到自我安放的空间。电影不仅是扁平化的娱乐产品，更是一种文化产品和大众传播手段。它不断传递着自己的思想与价值，嵌入社会话题、集体记忆与公共议程中，这种影响力并不会因为受众年龄的年轻而消减。这恰恰要求电影行业在深入人心上下大功夫，在精细制作上下大力气，把更多好故事讲给年轻人听，让正能量真正带来大流量。

有人说，电影的魅力在于忘掉自我，或者强化自我，而最重要的是，找到自我。这可能也是走进电影院的你我，所期待的 happy ending。为包括"00后"在内的各个年龄群体提供更多类型、更高品质的作品，才能为电影行业带来无限的可能与潜能，才能不负这份期许与热爱。

这正是：

观影收获新主力，带来挑战和机遇。

荧屏呼唤高品质，人生如戏不是戏。

（文 | 吕京笏）

115

北京人艺 70 岁，难忘这一碗『老汤』的味道

2022 年 6 月 12 日，北京人民艺术剧院迎来了 70 岁生日。镇院之宝《茶馆》于当晚首次实现 8K 技术录制、超高清实时直播，线上观众得以与现场观众同步收看。70 周年纪念版"戏骨"云集，第二代《茶馆》经典阵容基本悉数登场，成为连日来社交平台上刷屏的讨论话题。

作为新中国的第一个艺术院团，北京人民艺术剧院于 1952 年 6 月 12 日在北京市东城区史家胡同 56 号成立。建院之初，"四巨头"曹禺、欧阳山尊、焦菊隐、赵起扬进行过一场著名的"四十二小时谈话"，决定把北京人艺建成一座像莫斯科艺术剧院那样高水准的、具有自己民族特色、形成独特风格和理论体系且享誉世界的文化剧院。70 年来，剧院共上演 360 余部话剧作品，培养了一代代艺术家，形成"北京人艺演剧学派"，也成为几代观众心中的"老朋友"。有观众感慨：北京人艺就像百年老字号熬出的一碗"老汤"，不管什么时

候想念了，只要走进剧场，它就一定还是那个味。

"老汤"是什么味？如果问观众，大概率是——经典的味道！20世纪50、60年代的《雷雨》《茶馆》《日出》《蔡文姬》，历经几代演员、多次复排，不仅是剧院的"传家宝"，也是很多观众迈入观剧生涯的"第一道门槛"。从语文教材中的必读课文，在亿万孩子心中播下戏剧的种子，再到此前我们聊过的连夜排队抢戏票，掀起观剧热潮，北京人艺的经典作品带领人们认识世界、思考人生，在人物情节中体会文学之精、艺术之美，成为无数人精神文化生活的重要组成。

"老汤"是什么味？如果问人艺的演职人员，可能会脱口而出——一棵大白菜的味道！"人艺就像一棵菜，无论导演、演员还是幕后，都像菜心、菜叶、菜帮一样围绕着艺术这个根，他们缺一不可。"导演焦菊隐的话，形成人艺传承至今的"一棵菜精神"。它意味着"戏比天大"，进了这扇门，只为了演戏一件事；意味着"接地气"，表演不能飘着，戏要落在地上；意味着"重视细节"，连拉大幕都要有戏剧情绪……编导演服化道精益求精，才能共同"做人民喜欢看的戏"。正是在传承关注现实、扎根生活的现实主义风格，以及以人民为中心的创作导向的过程中，人艺传统历久弥新，金字招牌愈发闪亮。

老汤醇厚，余味悠长，加入新原料亦不改其味。对于北京人艺而言，创作氛围、艺术风格业已形成，一代代演员在"寻路人—赶路人—引路人"的角色转变中赓续传统，为观众奉献佳作。同时要看到，面对飞速发展的社会，面对百花齐放的舞台生态，面对观众不断提高的欣赏需求，人艺更应在守正创新的路上不断迈进。老一辈的经典仍在重现，当代故事何时能成为新的经典？"京味儿"话剧对味，别的风味是否也能这样正宗？年轻人接棒经典角色是以"演得像上

117

一代演员"为目标，还是用新表达打动新观众？关于创作表演的讨论从未停止。北京人艺何去何从，恐怕也是"庆生"后，需要长期思考的课题。

其实，北京人艺近年来一直在努力为"老汤"添加新的"原料"。时下已经被视为经典的《哗变》《天下第一楼》，正是 20 世纪 80、90 年代汲取众长、创新探索的成果；"首都剧场精品剧目邀请展"的品牌建立，为促进多元化戏剧交流搭建了平台；2021 年，北京国际戏剧中心落成启用，复排《榆树下的欲望》，彰显了进一步走向国际、走向多元的探索脚步。作为观众，对好剧本、好演员、好表达的渴求是永恒的。将观众的更高期待转化为更多优秀剧作，以厚重积淀迈出轻盈脚步，北京人艺必将续写新的华章。

几天前，在《雷雨》的导赏直播中，演员杨立新亮出了他的笔记本，上面记录着他为周朴园做的人物年表，还有与剧情相关的工业发展情况等背景资料。"这种方法不是我自创的，是和人艺老一辈演员一块儿排戏时学来的。"当年，在不排戏的时候，于是之先生总坐在角落不停地写，记录自己对于人物的理解与表演的感受；而朱旭先生则总拿着本子不停地看，原来那是他手抄的全部剧本和记录下的潜台词及创作灵感。一个个写满心得的笔记本，成就了舞台上鲜活饱满的人物，映照着人艺演员的工匠精神。从这个意义上说，无论时光流转，无论新老剧作，始终葆有这份精益求精的钻劲，就没有写不出的剧本，没有演不好的戏，更没有无法成就的经典。

这正是：

人民剧院，艺术殿堂。

老汤新味，再续华章。

（文 | 叶羽）

三星堆里的小猪佩奇、月光宝盒，到底是谁造的？

从央视连续三天直播，到网友热情参与讨论，可能没有一处考古遗址能如此牵动大众的视线。日前，三星堆遗址发布最新考古成果，6个祭祀坑目前共出土编号文物近13000件。相比专业的学术研究，多数人最感兴趣的还是看上去神秘诡谲的青铜器。将龟背形网格状器亲切称为"月光宝盒"，铜神坛上的人像被看作古代的"健身教练"，铜巨型神兽仿佛有"小猪佩奇"的影子……网友脑洞大开，让沉睡千年的器物成为网红，也吸引更多人了解三星堆。

考古的魅力在于发现未知。从祭祀坑的年代考证，到象牙的来源，从七号坑八号坑重要文物的小心提取，到文物修复室内青铜神坛的复原，无数的谜题从3000多年前的文明现场生发开来。回望历史烟尘中的器物，研究者难免有这样那样的疑问，希望从新器物中看到柳暗花明，希望在多学科的合作研究上"一览众山小"。对于广大受众而言，虽有玩笑式的解读分析，但也不乏真诚的求知探索，那些看似"外行"的问题背后也有考古学家的关切，需要抽丝剥茧寻求答案。

自 20 世纪 80 年代三星堆两个祭祀坑的青铜器被发现以来，考古学界日渐形成共识：三星堆那些普通的尊、罍与同时代中原、长江中游地区的器物同类，而造型独特的立人像、面具、神树则是极具地方风格的器物。此轮由新祭祀坑而再次启动的考古，让我们重新审视过去的观点：那些基于青铜尊、罍等再创造的器物是由同一批人制造的吗？浑铸法、分铸法、套铸法、锻打法等多元的工艺来自何方？回答这些问题，仅仅依靠肉眼所见远远不够。插上科技的翅膀，或许能帮助学者破译三星堆的"密码"，为公众带来更加鲜活的历史知识。

从原料上看，不同区域的矿山，成矿时间不一样，铅同位素会不同。所以，分析铜器的铅同位素，就可以追溯矿产来源。根据初步建立的巴蜀地区铜器分析数据库可以比对发现，三星堆时期的铜器和之后成都平原数百年间生产的青铜器，原料并不一样。成都平原有原料而不使用，恰恰有可能说明：三星堆铜器并非在当地生产。

从技术上看，常识告诉我们，某一区域的铸铜作坊，使用的铸造技术是相对固定的。考古学家在三星堆发现，有很多相同的器物却使用了不同的铸造技术，例如青铜面具的耳朵与面部的连接方式就至少有分铸式和一次性铸造两种方式。技术来源的复杂或许也能说明：三星堆铜器的来源并不单一。

三星堆不只有巨大的神树和面具。和大型青铜器相比，七号坑发现的小小铜铃，同样是了解历史的绝佳线索。铜铃是中国最早的青铜器标志性器物，后来承担了乐器、祭祀等多种功能。在距今 4000 年的山西襄汾陶寺，就曾出土过一例铜铃，那是我国迄今考古发现最早的红铜铸就的铜铃，开启了中国别开生面的青铜器铸造之路。二里头遗址著名的绿松石龙，其中部也有铜铃。到了殷墟，铜铃大量出现，并产生了多种用途。铜铃在三星堆的大量出土，或许也暗示着它与中原文化的联系，甚至是对中原礼乐文明的认同与接纳。

考古学的目的之一是透物见人。透过李白"蜀道之难，难于上青天"的诗句，很多人猜想三星堆是一个闭塞的文化。事实上，三星堆所展示出来的与周边世界的联系，远远超乎我们的想象。青铜矿产资源的有限性与稀缺性，必然引发原材料与产地、使用地之间的远距离大范围流动；技术的垄断性、工匠的专业分工也必然带来人员的迁徙与移动。借助青铜器的生产，我们看到了不同地区资源、技术与文明发展之间的互动关系。

时下，中华文明探源工程让我们对中华文明多元一体格局有了更为清晰的认识。中华大地内部具有多个地理单元，不同的环境孕育了不同的文化，呈现出多元起源、丰富多彩的样态。然而，各区域的交流融合可能比我们想象的更精彩，也正是在这样的传播互动中形成了中华民族共同的文化基因。正如 3000 多年前青铜器"迁徙"的故事那样，我们也期待三星堆的玉器、金器、象牙等多学科研究，为世人揭示一个个完全不同的互动交流圈，展现更为奇丽的文明图景，复原3000 多年前那个生机勃勃的世界。

这正是：

蜀道难如登天，抑或有缝可"钻"。

先民来往交通，智慧结晶非凡。

（文｜闻白）

121

情景喜剧，好久不见你在哪里？

　　说到情景喜剧，你会想到什么？是"葛优瘫"、葵花点穴手，还是刘星摸着头发说出的"我想把这玩意儿染成绿的"？曾经，情景喜剧走红大江南北，现场笑声成为"佐餐必备"。但不知从何时起，情景喜剧似乎逐渐淡出荧屏，引发一次次怀旧。

　　情景喜剧起源于欧美，是一种场景转换较少、镜头语言简约、人物台词诙谐的室内剧。1985 年，在美国留学的英达，无意中在电视上发现了一档掺有大量笑声的电视节目。后来他才知道，这叫作情景喜剧。受此启发，他在回国后与友人共同策划拍摄了《我爱我家》，成为情景喜剧进入中国的标志。此后，《闲人马大姐》《炊事班的故事》《家有儿女》《武林外传》等相继走红，合家观看情景喜剧，成为不少人的共同记忆。

　　如果说我国第一部情景喜剧的出现存在偶然性，那么后续众多情景喜剧的走红则有其必然性。它们或以趣事反映时代变迁，或以方言呈现地域特色，或用无厘头演绎经典。匪夷所思的故事，轻松诙谐的语态，夸张变形的肢体语言，展现出创作者的艺术智慧。虽然主题不同，风格各异，但共同的"外壳"是幽默搞笑，共同的"内核"则是对社会人生的思考。聚焦凡人情感，植根现实土壤，审视社会生活，不少情景喜剧引发观众强烈共鸣，成为记忆中的经典。

随着时间推移，屏幕中的情景喜剧逐渐成为"稀客"。背后的一大症结，在于情景喜剧投入产出的严重不对等。比起动辄花费上亿的影视作品，情景喜剧是典型的小制作。制作虽小，创作却难。情景喜剧场景单调，剧情全靠对白推动，需要极强的表演功力和高超的编剧水平。但现实中，编演人员的努力和报酬不成正比，人才流失在所难免。加之生活节奏加快，传播渠道更新，"笑的艺术"形式愈发多样，综艺、脱口秀、网络"热梗"等受到追捧，人们的审美趣味正在发生巨变。慢制作跟不上快需求，情景喜剧逐渐陷入发展困境。

123

情景喜剧真的过时了吗？恐怕未必。一个有趣的现象是：经典情景喜剧并未随着时间推移而销声匿迹。制作表情包，参与台词接龙，进行剧情考证，开发剧集周边……一代代观众徘徊于老傅家的客厅里、炊事班的灶台前、同福客栈的大堂中，一遍遍重温，一次次大笑。相比于脱口秀等更加短平快的艺术形式，情景喜剧剧集更悠长、人物更立体、情节更曲折，给观众反复回味的空间。"仿佛不经意间结识了一群好友，平平淡淡地相处，已成习惯。"哈哈一笑过后，仍能反思人物个性、发现时代投影、找到现实关照，带来绵长的回味。

怀念经典情景喜剧，更是对优秀喜剧作品的呼唤。时下网上流行的一些搞笑视频，或将搞怪卖萌、装傻充愣作"卖点"，或将网络笑话、流行词汇生拼硬凑，或仅凭低俗刺激的镜头语言吸引眼球。这些快餐式作品能带来流量和利润，却很难让人们产生再看一次的冲动。

从这个意义上说，经典情景喜剧让网友怀念的，不仅仅是"搞笑"的特质，更在于讽刺的妙笔和关怀的视角，能让观众洞察深思自己的生活，看到身边上演的故事，从而触动他们心灵深处的情感。

幽默是一种智慧，开心是一种财富。情景喜剧的情节或许是鸡毛蒜皮，里边的人物也不尽完美，但故事却能在欢笑中走向圆满的结局，这对观众是一种抚慰，也是一种鼓舞。当忙碌于凌晨灯火通明的办公室，我们的记忆中仍有"忘不了的温存"；当收到月底准时到来的还款通知，我们的家里边还有"情愿为你付出的人"……喜剧的作用之一，是让人们在烦恼之时戴上幽默的眼镜，感受爱与温情的可贵，体会平凡人性的光辉。只有这样，我们才能在认清生活真相后，依然热爱生活。这是好的喜剧应有的内容基因，愿与情景喜剧创作者分享。

124

这正是：

恩恩怨怨，牵肠又挂肚；

风风雨雨，大笑走江湖。

（文｜孟繁哲）

近日，动画片《中国奇谭》火了。目前播出 3 集，播放量已超 125
7000 万；网友评分较高，在各社交平台上凭借口碑出圈；就连套娃、
便签夹等周边，也卖到断货。

这部动画短片集由 8 个独立故事组成。所谓"奇谭"，指的是故
事均为"志怪"；而加上"中国"，则框定了作品的国风气质。骨架
脱胎于传统故事和民间传说，血肉由制作精良的动画技术填充，再融
入与现代社会和年轻人同频共振的情感内核，或荒诞幽默，或凄婉动
人，或引人深思。从目前已经更新的短片里，我们看到了《中国奇
谭》的用心。

讲述传说的志怪故事，却让人心有戚戚。很多人童年幻想自己是
无所不能的齐天大圣，而《小妖怪的夏天》就戳穿了你可能是个连大
王都没见过的浪浪山打工人的现实。面对难完成的工作、不如意的生
活，熬到面容枯槁、眼中无光，只有妈妈嘱咐你要多喝水、关心你怎

么变秃了……看似说的是妖怪世界，道出的都是人间冷暖。正如总导演陈廖宇所说，神话可以是古代的，也可以是今天和未来的。发古人之未发，言今人之未言，深入生活、扎根现实，才能让观众与作品产生情感共振。

讲究传统的中式审美，又饱含创新技巧。无论是《鹅鹅鹅》为还原早期电影胶片效果而一帧一帧上色，还是《林林》把 CG 技术用进国风韵味满满的画面，抑或后续即将呈现的三渲二、剪纸、木偶等制作手法和视听语言，《中国奇谭》拉满技能点，力求呈现中国美学。"术"的层面满满当当，"道"的层面留白取气，有助于避开中国元素拼接堆砌的陷阱，让技术更好服务于内容叙事和形象创作，实现创造性转化、创新性发展。

动画作品，一头连着观众，另一头连着主创。《中国奇谭》导演团队大多只有三四十岁，既有足够经验，又尚未固化风格，"创作欲望和创作热情是最强烈的，是最需要创作机会的"。短片每集不过 20 分钟，但请了 11 位导演、前后筹备约一年半时间。从时长看是小体量、从成本看也不算大制作，但给予了创作者自由、尊重和充裕时间，让他们将作品打磨得更好。有创意、够真诚，才能获得观众青睐，这或许是《中国奇谭》在创作方面给予我们的启示。

如今为《中国奇谭》点赞的观众，不少都曾被它的出品方之一上海美术电影制片厂打动过。回顾陪伴我们童年的作品，《大闹天宫》是手绘二维动画，《骄傲的将军》借鉴戏曲，《猪八戒吃西瓜》源自剪纸……即使是在技术不甚发达的年代，上美影也循着"探民族风格之路"的路，不断做出新鲜尝试。这些经典作品和动画形象，脍炙人口、历久弥新，给一代代人的童年提供滋养。

刚刚过去的 2022 年，是中国动画诞生 100 周年。纵览百年中国动画史，许多作品至今仍被奉为经典。《小蝌蚪找妈妈》《舒克和贝塔》《天书奇谭》等经 4K 修复后上线重映，独特的东方美学风格仍然打动人心；《大鱼海棠》《哪吒之魔童降世》《白蛇》等依托神话传说的再创作也备受喜爱。数据显示，从 2015 年至 2021 年，国内院线动画电影年均票房达 45 亿元，其中国产动画占比近七成。这充分说明，汲取传统精髓的中国风动画，也能叫好又叫座，在市场上占据一席之地。

"收百世之阙文，采千载之遗韵。"中华优秀传统文化不应是故纸堆里的回忆，而更应成为一眼深邃的泉。带着创新思维、时代眼光去发掘，才能让泉眼源源不断、生机汩汩。《中国奇谭》未必完美，但它的火爆正说明，创作用心能换来观众真心。"扶持彰显中华民族精神和东方美学风格的动画电影"，不仅是写在《"十四五"中国电影发展规划》的明确要求，更应成为广大创作者的自觉追求。

这正是：

故纸堆中多志怪，科技加成显气概。

国风佳作何处觅？诸君拭目再相待。

（文｜周珊珊）

127

占春节档票房「半壁江山」，新主流电影崛起了吗？

今年春节期间看电影了吗？看了几部？感受如何？

"好燃！""向英雄致敬！""人物群像拍得太好，被惊艳到了！""现实主义小人物的题材太动人了，看得热泪盈眶热血沸腾！"……翻看影评不难发现，2022年春节档中的一些新主流电影表现优异，叫好又叫座的同时也引发了热烈的讨论。国家电影局数据显示，春节长假7天全国电影票房突破60亿元。其中，《长津湖之水门桥》《奇迹·笨小孩》《狙击手》3部新主流电影成为热门。截至大年初六，《长津湖之水门桥》以25.28亿元领跑票房，而3部新主流电影的市场占比达57.38%。优异的票房表现，既是电影市场的热度，也反映出观众对新主流电影的欢迎度。

有质量才能有分量。观众对新主流电影给予不低的评价，充分说明"叫好"与"叫座"之间是紧密关联的。2022年春节档，不仅有《长津湖之水门桥》这样通过具体战事再现长津湖战役大背景的，也有《狙击手》这样以遭遇战小切口表现抗美援朝战争大主题的，还有《奇迹·笨小孩》这样讲述普通人奋斗故事的，不同审美喜好的观众都能找到自己中意的题材。不仅如此，很多观众还自发撰写推荐影评，与电影相关的话题常常出现在各大热搜榜单。只要质量好，就能有口碑，靠着口口相传的好口碑，优质影片可以不断扩大影响力。

更为重要的是，新主流电影正在不断获得全社会在价值观上的认同，产生凝聚人心的力量。新主流电影叙说的故事、传递的价值，正是时代最需要的正能量、主旋律。无论是深挖历史题材，还是凸显现实关怀；不管是弘扬伟大抗美援朝精神、表现志愿军战士的英勇品质，还是展现新时代中国人民尤其是普通人、年轻人昂扬奋进的精神风貌，新主流电影通过电影叙事与观众进行精神交流，用文艺的力量温暖人、鼓舞人、启迪人，激发每一个中国人的民族自豪感和国家荣誉感。

近年来，我国电影产业持续发展，精品佳作不断涌现。特别是不少新主流电影一再实现票房口碑的双赢，不断成为"现象级"。从大制作大场面的《战狼》系列、《红海行动》，到聚焦个体故事的《守岛人》《中国机长》，再到集锦式电影《我和我的祖国》《我和我的家乡》，等等，优质的新主流电影题材、风格或有差异，共同点都是以创新的手段讲述动人的故事，从历史和现实中找寻时代的脉动与心灵的共鸣。

当前，我国已经成为全球银幕数最多的国家，也是全球最大的电影市场。机会很多、竞争也不少，新主流电影仍需在创新中谋发展。能不能满足时代的新发展新要求，能不能契合人民群众对文化艺术的新需求新希望，能不能实现思想性、艺术性、观赏性的有机统一，决定着新主流电影的未来。期待更多新主流电影讲好中国故事，更好

129

塑造可信可爱可敬的中国形象，不断推进中国从电影大国走向电影强国。

这正是：

主流电影出高招，开创叙事新风潮。

若要叫座又叫好？提升品质是王道。

（文丨周珊珊）

"赶时间的人没有四季 / 只有一站和下一站""我明明一动未动 / 名字却跑丢了 / 你可以叫我：上一个 / 也可以叫我：下一位""每天我都能遇到 / 一个个飞奔的外卖员 / 用双脚锤击大地 / 在这个人间不断地淬火"……送外卖 5 年，写了 2000 首诗，外卖诗人王计兵的诗集，在豆瓣上被打出 9.3 分，不少人看得"热泪盈眶"。

王计兵念书时其实是好"苗子"，但早早进入了武校，考大学的梦想也就不了了之了，但他对于文字和文学的情感却喷涌而出，"从那一刻起就开始特别喜欢读书，开始去集市上的旧书摊，去淘那些旧的语文书回来读"。咀嚼着精神食粮，写作的泉水悄然流淌，一次次的创作让这水流丰沛充盈，让他甘之如饴。

穿梭城市、骑车奔波，当上外卖员后，更大的世界在他面前展开，写作始终是他观察与思考的一种方式。不很忙时，王计兵会在路边停下车，拿出随身带着的纸和笔，观察生活、捕捉灵感。"哪怕是在熟悉的场景，我也会特别关注这一天有什么变化、有什么不同。特别是如果有让我感到很诧异的情况出现，我就会立刻有一种反应，想说几句话，然后就会根据想说的思想把它整理出来。"有时匆忙，灵感倏然而至，他就用聊天软件的语音功能录给自己，就算在最忙碌的午高峰，一首小诗也能见缝插针诞生。每天5点半起床，6点半到8点半阅读和整理"草稿"，10点半到下午2点、4点多到晚上11点出门跑外卖，日子循环往复，诗歌却日日常新。播下汗水作种子，撷采岁月以成歌，这是他对自我、劳动与生活的诠释。

诗歌是个体的沉吟，也描摹社会的群像。王计兵送外卖之后，写作的视角产生了很大转变，他文章里的"我"常常不是他自己，字里行间还有你我他，有着扣人心弦的真切情感。"生活平整得像一块木板／骑手是一枚枚尖锐的钉子／只有挺直了腰杆／才能钉住生活的拐角"，道出骑手群体的坚韧与顽强；"一圈圈晾干的汗渍／在他们后背形成的地图／边界明显／那些白色的线条富含盐分／对于土地／他们个个都是一把好手／现在他们却背负地图／走在别人的田地上"，关注农民工的辛劳与付出；"站在空荡荡的马路／喊自己的名字／就像喊一个亲人／就像母亲喊自己的孩子"，抒发异乡客的孑然与思念……王计兵作为骑手串联起"众生相"，作为诗人讲述城市的展开。倾诉个人、书写群体、集纳人生，一句句诗是一层层浪，将荡漾着个人体验的涟漪推向彼此，在情感共鸣中叩开更多人的心扉。

有人说，诗歌是"一座随身携带的避难所"。在生活的"褶皱"里，每个人都有属于自己的诗。德州菜农在土地里、菜摊前写诗，"不管我身边有没有人／这也是我一个人的黄昏／我现在就是一个舞蹈皇后／抱着风跳，踩着水跳／在金色的光里跳"；青年人在夜宵摊、办公室、通勤时写诗，"天光变暗之后／依靠自身发光的事物开始增多／

地铁摇晃的声音／接近夜行海滩的风浪"；孩童以童真为墨写诗，"爷爷还活着的时候／这个世界的风雨／都绕过我／向他一个人倾斜"……当平凡的日常碎片凝练成言，当鲜活的人生篇章糅合成句，诗歌中满含对生活的感怀、对生命的体悟。诗言志，歌咏怀，每个人都在自己的诗中给自己塑像，每个人的诗又汇成了这个时代的诗章。

有人认为，如今时代步履匆促，诗歌从容姿态与生活节奏之快，难以兼容。但人们还在写诗，为何？林徽因曾试图解答：或说是要抓紧一种一时闪动的力量，或说是若不知其所以然的，或说是经过若干潜意识的酝酿……最终发现难以厘清，她喟叹写诗是"我知道，天知道"。可以说，写诗是对自我的书写，是对日常的反思，也是对远方的凝望，诗歌"为何而起"又"为谁而作"，或许并没有那么重要。当"你为什么写诗"这样的问题脱口而出，与其说是对想要探索具体的缘由，不如说是渴望心灵的交流。

133

行至文末，笔者忍不住向屏幕前的你邀约：

春分这天

摘嫩芽柳梢

和月折射的来自星球半腰的阳

安顿情感的温床

替你披紧了被子

许下一个好眠 此刻

可吟一首无？

（文｜周山吟）

没文化敢上镜？论一个演员的自我修养

主演一部年代剧，却不了解故事发生的时代背景；提起自己演的角色支支吾吾，分析人物张口结舌；有的甚至连常用字都不会读、不会写……一段时间以来，部分演员由于缺乏基本文化素养，引发网友热议。有人认为，演员只要能演好戏就足够了，并不需要过多的文化底蕴；另一些人则认为，具备一定的文化修养才能更好地演绎角色。演好戏必须有文化吗？

很多艺术家都表示：一个演员拼到最后拼的是文化，能走多远靠的也是文化。为饰演林黛玉，陈晓旭将几页纸的人物理解和自己写的小诗一并寄给导演，这才从全国海选中脱颖而出。"87版《红楼梦》"导演王扶林专门写了一本《电视连续剧红楼梦导演阐述》，开机前给演员开学习班，共同研读原著，听红学家讲课，这才有了演员的精彩发挥，成就了贴近原著、还原角色的荧屏经典。由此可见，文化基础不仅关系着演员自身发展，也是成就影视精品的前提。

也要看到，观众认可的"演技派"，未必是通常意义上的"文化人"。王宝强从草根逆袭影帝，咏梅并非科班出身却摘得影后，赵丽蓉没有上过学、不识字，在小品中挥毫写下的"货真价实"却让观众赞叹……他们的成功说明：文化从来不局限于学历，不只来源于书本，也不一定呈现为条分缕析的表演理论。

生活是戏剧的源泉。对于演员而言，体验生活、再现人物是基本功。有演员为演好甘肃农妇，花十个月在当地体验生活，学习方言、播种麦子、喂养动物；有演员出演警察前，跟随民警一同出警，体验真实工作状态；有演员为立体展示特种兵形象，在部队进行了为期18个月的体验……他们付出大量时间到现实生活里摸爬滚打、汲取养分，才打磨出观众认可的角色。俗话说："装龙像龙，装虎像虎"，好演员不能依赖"本色出演"，了解不熟悉的生活样态与内心世界，正是提升文化的重要方面。

135

蓝天野先生表示，对于演员来说，比表演方法更重要的是生活积累和文化素养。提升自我的，可以是一遍一遍的技巧练习，可以是体验生活的所见所闻；但从长远来看，更应该是各行各业的广博知识，是丰富人生阅历的社会经验。在优秀演员中，有的手不释卷，形成了出众的文学理解能力；有的善于交友，从中了解陌生领域的知识；有的研习书画音律，涵养美学趣味与心境气质。正所谓"技可进乎道"，这些看不见的"潜功"，并非立竿见影，却需持续用力，在潜移默化中夯实艺术创造的思想根基，不断向艺术高峰进发。

由此可见，文化是演员的必修课。只不过，文化之于演员，包含着语言形体等表演技术、应变力观察力等必备素质、对多彩生活的体验、对历史文化的理解、对美的认知等不同层面。拾级而上提升修养，才能更自如、更主动地创作角色，而不是下意识、无节制地宣泄情绪。从这个意义上说，有天赋未必能成好演员，但不努力注定不是好演员。无论体验派，还是表现派，抑或方法派，走到聚光灯下的这条路，都是由无数的耕耘与汗水所铺就。

此前曾有演员说，朋友看孩子学习成绩差，就想"托关系"让孩子学表演。这种职业误解，也一定程度上反映了部分演员缺乏文化素养的事实。一段时间以来，一些流量艺人不关注文化修养，认为"颜值即演技""念词即表演"，形成了不良风气，成为了不良示范。当观众讨论演员不读书、没文化时，其实是对不敬业却心安理得、能学习却无动于衷的忧虑。

著名话剧表演艺术家于是之曾说："演员在台上一站，你的思想、品德、文化修养、艺术水平以及对角色的创造程度，什么也掩盖不住。"通往好演技的路并不是独木桥，但没有一条路可以轻易到达。亲身体验也好，埋头苦读也罢，以多种方式将文化修养转化为立得住、叫得响、禁琢磨的人物角色，创造更多深入人心、喜闻乐见的艺术作品，这才是一个演员的基本修养。

这正是：

咀嚼知识，品尝生活。

磨炼演技，且得琢磨。

（文 | 徐之）

当博物馆『周一不闭馆』，『打破惯例』能否成惯例

有人说，了解一座城市，要先从博物馆走起。但是，想必一定也有人经历过这样的遭遇：周一兴冲冲起个大早，盘算着去博物馆一探脚下土地的前世今生，不承想却在"闭馆"的标识前吃了"闭门羹"。出门在外，行程往往严丝合缝，乘兴而来难免遗憾而归。不过，好消息来了。这个暑期，从江苏南京到辽宁沈阳，从浙江杭州到甘肃兰州，从四川成都到内蒙古呼和浩特，全国多地知名博物馆表示将调整开放时间，取消"周一闭馆"惯例。

从历史沿袭来看，"周一闭馆"的惯例有迹可循。早在 20 世纪 70 年代起，中国国家博物馆的前身——中国历史博物馆就已经开始实行周一闭馆的惯例。选择在这一天"闭门谢客"，事实上有着诸多考虑。经过周末两天的大规模客流后，工作日第一天的人流量骤减，这天闭馆可以把对公众观展需求的影响降到最小。与此同时，趁着这会儿"难得的清净"，工作人员有条件对馆舍进行维护，对展厅设

备的运行情况进行检修，根据需要调整布展、保养展品等。可以说，"馆闭人不闲"，"周一闭馆"客观上成为文博单位调整工作节奏、保证策展质量的一种方式。

明明"相约成俗"，何以"打破常规"？"一票难求"的观展需求是最直观的原因。"定三次闹钟，依然抢不到一张博物馆门票""数万张门票45秒就空，未来7天全部约满，抢票太难了！"近年来，博物馆的热度攀升。门里门外，蜿蜒的长龙望不到头，攒动的身影摩肩接踵。或是对宏大文明的朝圣，或是对浓厚文化的浸染，或是对当地人文的兴趣……无数人"跟着博物馆去旅行""为一座博物馆赴一座城"，在"一眼千年"的过程中完成知识的构建、历史的追寻和身份的认同。取消"周一闭馆"的做法，可以尽最大努力"开门纳客"，让更多人有机会走进博物馆，安放澎湃不息的热情，满足鉴往知来的需求。

从"闭门谢客"的惯例，到"开门迎客"的新规，悄然发生的改变蕴含着更深的思考、更多的启示。世易时移，情况在变化、需求在转移，因时而动、随时而变，何止是博物馆的"开关之道"？朴素的道理可谓比比皆是，就在日常生活中的细节里，在治国理政的命题中。往大了说，曾经以牺牲生态环境为代价搞一时一地发展的"经验"，在今天早已走不通；那些总让群众办事跑来跑去的"规矩"，也已经少了踪影。往小了看，婚丧嫁娶的陈规陋习，迎来送往的人情负担，都在时代进步的浪潮里经受着一遍又一遍的淘洗。好在，打破常规惯例，突破思维定式，要的就是革故鼎新的勇气，图的就是"民之所好好之"的效果。

当然，为"周一不闭馆"点赞的同时，也要意识到还有一些"看不见的角落"。以刚刚宣布暑期实行"周一不闭馆"的陕西历史博物馆为例。数据显示，该馆在暑假期间一天接待 1.2 万人次，已是原定最大日接待量的三倍；而面对每天 60 万人次在线抢票，每周增加 1.2 万个名额，其实也是杯水车薪。以此观之，仅仅通过增加"周一开馆"的方式，无法从根本上满足全社会井喷的需求，在暑假期间尤其如此。与此同时，当博物馆与观众"天天见"，维护馆舍和展品的时空就被大大压缩，必然给文保工作者带来巨大的挑战。既要增加供给、提升服务，也要合理适度、灵活精准，这是各大博物馆满足人民群众精神文化需要的必答题，也是博物馆实现高质量发展的必修课。

这正是：

循途守辙，有迹可循。

因时因势，敢为人先。

（文｜田雨）

140　　最近，不少观众通过越剧《新龙门客栈》认识了我。自 2023 年 3—12 月，我们已演出 130 余场，最近几乎场场爆满，其中一场演出的网络直播吸引了近千万人次观看。我们这个平均年龄 30 岁左右的创作团队，用执着和热情让许多年轻观众渐渐走近越剧、了解越剧、热爱越剧。悠长的戏腔，能否跟上时代的节奏、赢得更多人的关注？

　　什么能吸引年轻观众走进剧场？沉浸式观演、影像元素的运用、戏曲程式化基础上的即兴演绎……形式的创新必然少不了。但真正让戏走进、留在年轻观众心中的，还在于内核的守正。声腔设计保留了不同越剧流派的基调，对打、过招等段落借鉴传统戏的精华，主题曲使用越剧早期的"吟哦调"……飘带拖曳，环佩叮咚，锣鼓琴弦皆有戏，举手投足都是"招"。有人说，越剧的走红是种现象，我倒觉得，这是中华优秀传统文化基因被唤醒的必然，是在传承发展中华优秀传统文化的浓厚社会氛围中的必然。

我学了18年戏，对戏曲的"真功夫"有着很深的体会。剧中，被观众们津津乐道的把盏比武"名场面"，是演员们通过多次武打"切磋"练就的。起初排练时，动作并不是很熟练，拳拳到肉，一天下来瘀青不少，我们就一直磨合，直到动作干净利落为止。记得一位"00后"观众看剧后说，"我真正喜欢的，是整个舞台被'考究'二字沁润着，是有'真功夫'的中式美学"。

从起初学"技法"，到后来学"方法"，认识逐渐深入，舞台上的角色也越来越生动。还记得，茅威涛老师在教授越剧《梁山伯与祝英台》时，前两天亲身示范，之后便开始与大家探讨人物的思考方式、行为逻辑。沿着这种创作思路，我在剧中尝试用肢体动作体现人物的性格特征，融入对生活细节的观察，努力让角色立起来。

事实证明，只有刻苦训练基本功，才能在舞台上呈现行云流水的美感；只有深入观察和体验生活，才会让戏曲动作更具艺术表现力；只有怀着对艺术的赤诚热爱并付出恒久努力，才能让作品打动更多人。我常觉得，吸引年轻观众的，正是这颗纯粹而执着的戏曲追梦之心。这是对真的追求，也是对美的热爱。

永远在学习，一直有目标，始终在创造，是我和同事们的共识。我们的身后，是成立近40年的浙江小百花越剧团，更是诞生百年的女子越剧。越剧《五女拜寿》奠定"小百花"根基，《二泉映月》《江南好人》《寇流兰与杜丽娘》等作品拓宽表现题材，《苏秦》《钱塘里》等进一步释放越剧表现力……一代代"小百花"不断探索艺术的新课题，增强剧种的生命力和发展潜力，让越剧一次次"破圈"，"圈粉"一代代观众。

越剧需要年轻的传承人，也需要年轻的观众。从20世纪40年代

141

的戏迷俱乐部，到如今开始着迷越剧的年轻观众，从不为一桌两椅模式所限的创新，到如今越剧在各个艺术门类中吸收养分的创造……越剧向前发展的每一步，都是在剧场中、在生活里与观众共同完成的。如何在继承的基础上创新，让越剧迈向更远的未来，是我们新一代越剧人的使命。

戏曲是刻在中国人骨子里的 DNA，一个小石子投下去，DNA 就被唤醒了。把青春的越剧演给更多人看，是我的心愿。我也相信，会有越来越多的人愿做那颗激起层层浪花的"小石子"，踏踏实实演戏、认认真真创新，以实实在在的好作品吸引更多观众走进剧场、走近文化，让传统文化的潮涌始终翻涌于时代前沿。

（文 | 陈丽君）

20 世纪 80 年代，广西民族出版社为著名词作家乔羽出版了一本歌词集汇，乔羽将其取名为《小船儿轻轻》。乔羽的歌词创作生涯是从《让我们荡起双桨》开始的，第二首更是大家耳熟能详的《一条大河》。"我这只小船就那么轻轻松松地晃悠了几十年，倒也落了个欢乐自在"。2022 年 6 月 20 日凌晨，这只晃晃悠悠、欢乐自在的小船终于靠岸了，而他的歌曲仍长久地，在人们的心湖中留下了波波涟漪。

《让我们荡起双桨》《大风车》《少年英雄小哪吒》……每个年代的童年记忆中，都有一首乔羽写的歌。乔羽曾说："一个老头子却要写出年轻人喜爱的歌，此中甘苦也是颇堪玩味的。""要说写作有什么诀窍，保持童心、童趣就是其一。"人不能与生命规律抗衡，但人的心可以永远保持年轻。作品能使作者保持年轻，因此乔羽甘愿奋力写下去。

　　乔羽出生于山东济宁。大运河穿城而过，微山湖荷花万顷，这里是藕花开过稻花又香的鱼米之乡。"微山湖畔，大运河旁，作为出生地还是蛮好的。"正是这方美丽的水土，养育了乔羽。

　　在战争频繁的年月，父亲就自己教授乔羽《论语》《孟子》《百家姓》《千字文》等传统读物。乔羽还记得有一年春天，父亲领着年幼的他在河边散步，远远看见河边的草地上草尖青青，煞是好看，可等走到近前，就不见了绿色。父亲就问乔羽，哪首古诗写过这样情景啊？乔羽马上想到"草色遥看近却无"。这件小事情在乔羽心中扎了根，他不仅从小夯实了古典汉语的基本功，而且在情感上终生都有一种"根"的感觉。

　　虽然家境贫寒，但家庭充盈的爱意不仅没有让乔羽的童年有丝毫缺陷，反而满溢出来，滋养着他一生的创作。虽然母亲是不识字的农家女，但她会讲很多民间故事，唱很多民歌，说很多民谣、谜语。为了节省一盏油灯，母亲夏天摇着蒲扇，冬天暖着被窝，轻声细语地讲故事哄着孩子入睡。母亲的故事好像一条从来不会干涸的涓涓小溪，每晚，乔羽就在汩汩细流中进入了梦乡。

　　后来，乔羽以写作为业时，很想把母亲讲过的故事讲给他的小读者听。但他发现，小读者们每天晚上都是在电视机或电子游戏前度过。他想，如果能把当年听母亲讲故事所感受到的那种温馨、那种痴迷、那种无可替代的母爱，带到读者幼小的心灵中，是不是能让他们感受另一种童年的幸福，同样可以怡然入睡？于是，《果园姐妹》儿童剧应运而生，"大灰狼"形象也家喻户晓。

　　在许多人眼里，名人大家似乎是出口成章、落笔生花，诗词歌赋一挥而就，轻松得全不费力气。乔羽的歌词看来很轻巧，但每当他要写些什么的时候，都总是"临纸踟蹰，四顾茫然"。尽管有半小时写

144

完《让我们荡起双桨》、一宿写就《难忘今宵》的传奇经历，但其实他写歌很慢很难。成名之后，有些人找他写歌，总说随便写几句就行了。乔羽却从来不敢随便。既然写了，就得写好。每首歌词必须得有凝练的思想、升华的情感和打动人心的语言。20世纪80年代，为了给电视剧《雍正王朝》写70多字的主题曲歌词，乔羽在认真研究剧本原著之余，还读了100多万字的清史档案。尽管最后导演并没有使用这首歌词，乔羽却大度地说自己的词太过平淡，很难配上曲。

五年前采访乔羽的时候，他穿着白衬衫，脖子上挽着一条围巾，镜头前正襟危坐，可以说是风度翩翩。但镜头放下，只见他扶了扶眼镜，狡黠一笑，问我，你是东北的，一定很能喝酒吧。然后神色失落，说自己由于身体原因，很久没有尝到酒的味道了。那个样子，仿佛是一个老小孩。老小孩特别可爱，他们的可爱之处在于，到了真正成熟的时候，又超越了"成熟"，回到了天真，好像又重新回到了童年。

人真正的精神世界，总是和一些最基本的东西联系在一起的，和土地，和岁月，和自然，和人与人之间的那种亲情联系在一起。真正能打动我们的，大都是那些和非常朴素的生活情感相联系的一些东西，就像乔羽的歌词一样。

乔羽说我就是我。我愿快快乐乐地生活，成就和麻烦都不会成为我生活的包袱。正是因为一直葆有那份欢乐和自在，乔羽这艘小船虽然在大江大河中摇荡，但始终坚定坚信：做善良的人比做恶人快乐，做有事业心的人比无所事事快乐，做心底无私天地宽的人比斤斤计较的人快乐，做童心不老的人比愁眉苦脸的人快乐。

愁眉苦脸是一辈子，快快乐乐也是一辈子，干吗不快乐呢？

这正是：

把议论付与古往今来的过客，

把豪情献给风涛万里的船夫。

——乔羽

（文｜任飞帆）

"周末了，看展去！"一段时间以来，不少博物馆里人头攒动，各类展览异彩纷呈。"九月不可错过的展览合集""这些神仙打架的展览你看了吗"等话题，不时成为热门。与此同时，"看展式社交"也逐渐兴起，与"露营热""飞盘热"等一样，成为当下年轻人喜爱的社交方式。当相约看展，你我心里在想什么？

看展，首先是一种文化艺术欣赏活动。2022 年年初，故宫博物院的"何以中国"大展掀起了"国宝热"的高潮，观众队伍绕着文华殿一路排到文渊阁，宁肯等上两三个小时，也要一窥 130 余件"国宝"的真容。这更是文博爱好者们的一场盛会，有文博达人提前查资料、做功课，录制讲解视频上传社交媒体平台，同好们一边听讲解看展，一边如数家珍地讨论文物的前世今生。这种"知识分享型"看展，让拥有相同深度爱好的陌生人得以互相熟识，互相欣赏，从知识"链接"逐渐扩展成情感"链接"。

看展一定要有"学术门槛"吗？答案当然是否定的。对于大多数年轻人来说，看展并不仅仅是来上一堂文化艺术课，而是探寻生活、发现共鸣的一种休闲方式。正在展出的"百年无极——西方现当代艺术大师作品展"中，观众们在一幅名为《用功的男孩》油画前纷纷拍照，甚至立即更改了自己的朋友圈封面和头像。论艺术性、珍稀度，这并不是展览中价值最高的作品，但这幅画中，高高堆积的书本和男孩生动忧郁的神情，实在是戳中了不少人的神经，令人"心有戚戚焉"。

让"高冷"的艺术走下神坛，让"看展"融入年轻人的日常，背后离不开各地博物馆、展览馆、纪念馆等开办新展、精心策展的努力。数据显示，2021年，全国博物馆举办展览36000场，教育活动32万场，接待观众近8亿人次；2022年1—5月，最受欢迎景区前10类中，博物馆、展览馆排在第4位，"95后"预定博物馆订单的占比达到25%。越来越多的专题展开在家门口，越来越珍贵的"宝贝"得以呈现在眼前，"数质"双升的展览，更在策展思路上不断迈出创新的步伐。

沉浸式光影秀，观众摆出各式"剪影"造型，让自己也成为LED屏中一道流动风景；互动式小游戏，古人玩过的同款游戏，你能赢吗？穿上古装打卡一场中国古代服饰展；一身黑衣外加小黑帽，模仿展板上的"拉斐尔"谁更神似……打破传统意义上"展厅—展台—展品"的观展形式，策展方不断延伸着展览的多重功能。声光电的感官刺激、互动体验的娱乐快感、适宜拍照的背景设计，为观展的人们创造一种艺术与娱乐共存、独立探索与社交分享同在的休闲方式。

"我喜欢看展，更喜欢与朋友一起看展的感觉。"对于一些看展达人来说，打卡一个新展，如同开启一场自由探寻的旅行，而与朋友一起，更增加了"定格共同记忆"的仪式感。"比如，有的展览胜在环境优美，气氛感强，约上两三友人感受'生活在此处'的愉悦；有的展览重磅多，价值高，当然是希望跟大牛一起观展，还能学习探讨。"有观众说。当下，"看展式社交"的边界也不止于"看展"，不少因爱好而自发组织的"看展小分队"，专门设计了LOGO，定制口罩、帆布包，走出展厅、走进餐厅，在没有展览的日子里一起爬山、遛弯、徒步，以"看展"为媒介，串接起的，是一群志同道合的年轻人们热爱生活的心。

这正是：

新朋与旧友，观展共携手。

艺术兼休闲，乐趣在心头。

（文 | 张晔）

149

最近，社区图书馆火了。不用坐很久的车到大型图书馆预约抢座，也不用付费到咖啡厅和共享自习室看书上网，在家门口的社区图书馆，就能轻松实现"阅读自由"。过去是老年人带着小朋友消磨时光的地方，如今也吸引了越来越多的年轻人。

社区图书馆，是嵌入街道、社区，为周边居民提供学习、阅读、休闲活动的"微场所"，也是彰显一座城市文化气质与治理温度的"微地标"。没有华丽的建筑设计、隐藏在巷子胡同或社区内部、总体规模不大但胜在数量够多，社区图书馆的存在，补足了城市公共图书资源供给的"最后一公里"短板。

其实，社区图书馆的建设布局很早就已启动。以北京市为例，2012 年，城区社区图书馆的覆盖率已达到 90%。社区图书馆从"无"到"有"，在促进公共阅读资源下沉的同时，对书香社会建设起到了积极作用。但在初创时期，有的社区图书馆"藏在深闺人未识"，有的空间逼仄、鲜少有人来访，有的常年大门紧锁，甚至周边居民都无从知晓，社区图书馆如何进一步从"有"到"优"，一度引发讨论。

近几年，社区图书馆再度进入人们视野。"挑一本书坐在角落里安静阅读，享受放下手机悠闲而舒适的时光""在家备考没效率，离家200米的社区图书馆，成了固定的自习室"……不少网友的心声，道出了人们对公共文化空间需求的不断增长，社区图书馆这个曾经被遗忘的地带，如同一座座城市书房，吸引了越来越多喜爱阅读、有学习充电需求的人们。就在家门口，有免费的热水、无线网络、空调、充电插座等，借阅书籍十分方便，阅读学习也舒适安静……一些地区的社区图书馆麻雀虽小但五脏俱全，在大型图书馆一座难求的背景下，社区图书馆成为人们学习空间的重要补充。

随着社会发展与变革，终身学习成为更多人的生活方式。有意思的是，依托网络信息的共享性与交互性，让更多有需要的人再次"看见"这些宝贵的公共文化空间。在网上搜索"社区图书馆"相关词条，路线推荐、营业时间和借书流程等"攻略"数不胜数，让年轻人找到了共鸣；在"社区图书馆"的相关话题之下，互动打卡、结伴自习和学习小组等社交属性日益凸显，让"单打独斗"埋头学习的人们找到了精神慰藉。

提高优质服务供给能力，才能彰显社会治理的"温度"。一些地方的社区图书馆实行"时间自治"，深入调查周边居民的实际需求，按需调整社区图书馆的营业时间，让更多人享受便利；一些地区加强全域智慧图书馆体系建设，让小而微的社区图书馆变身大型图书馆的"分馆"，提升借阅体验，增强公共文化服务的便利性和可及性；一些地区的社区图书馆还增加了"四点半课堂"、举办文化沙龙等，让社区图书馆真正被"活态利用"。

治城务精，精在基层。作为散落在身边的"遗珠"，社区图书馆不仅是容纳当下的精神宝地，也是孕育未来的文化摇篮。以更专业的管理力、更用心的经营力和更包容的开放性，为忙碌的人们提供一个舒适便利的阅读空间，小小的社区图书馆，一定能发挥越来越大的社会价值。

这正是：

静坐桌前，对话贤者大家。

苦思冥想，琢磨加减乘除。

小小书室，囊括理想万千。

服务提质，彰显文明之光。

（文｜刘涓溪）

网红书店潮起潮落，卖书的生意怎么做？

2023 年 1 月 29 日，言几又书店在上海的最后一家门店贴出通知，称该店将"暂停营业"。至此，这家曾融资过亿元的网红书店，在全国范围内营业的门店已经所剩无几。从北京老书虫三里屯店关门，到读库甩卖书籍，再到单向街呼吁书友们众筹……这几年，一些网红书店经营陷入困境，面临亏损甚至濒临倒闭。网红书店的未来在哪？

不同于传统的实体书店，网红书店是一个集购物、休闲、社交等多重功能于一体的公共空间。网红书店追求精致的装修、主打高雅的格调，往往位于客流量较大的购物中心或商业街上。网红书店曾带起书店行业的新风潮，不少传统书店也转型试水，过了一把"网红瘾"。但短期的客流量增长，掩盖不了背后的问题：有的网红书店成为旅游景点，阅读环境嘈杂；有的网红书店内书籍同质化严重，文化传播功能弱化；一些网红书店过于注重装修设计，却缺乏对书籍的把关，甚至售卖的有盗版书。有网友从网红书店归来后评价："书店越漂亮，选书越让人失望，书籍就像店里的气氛组。"

几年前，我们曾呼唤实体书店多一点"文化自觉"，"在商业经营的同时，也能守住人文精神的根本"。时至今日再看，当书店里缺了好书、少了文化，当"好出片""可遛娃"成了网红书店的"风评"，守不住的，可能就不只是人文精神，还有商家投资的真金白银。书店作为经营主体，想要营利，就要找准愿消费、能消费的目标群体。从拍照到社交、从咖啡到明信片，网红书店贩卖的，或许是设计、是情怀、是生活方式，但唯独不是"书"本身。爱书的人找不到好书、又受不了拍照打卡的氛围，自然不会再来；而不爱书的人，在打过一次卡之后可能很难成为店里的常客。易逝的流量，不回头的顾客，让不少网红书店难免昙花一现，难获长久发展。

褪去精致的外壳，实体书店怎样才能真正俘获读者的心？答案可能还是要回到书籍本身。许多人来到实体书店，都期待随时和优质书籍"偶遇"。好的实体书店不只卖畅销书，往往有自己独特的阅读主张和选书标准。北京的人文考古书店只卖相对冷门的考古专业书籍，但由于藏书齐全、店员专业水平强，近几年的销售额十分亮眼。有人说："一家好书店是这样一个地方：你为了找一本书进去，出来时却买了你原本不知道的书。"为值得反复阅读的好书留有一席之地，读者也更乐意为这样的书店投去青眼。

一位作家认为，"书店，相对于一个城市，书，相对于一个人，都是一种解决孤独的方式"。与电子阅读相比，去书店挑选、购买、阅读纸质书，是一种更有仪式感的体验。与网上书店相比，实体书店不仅是一个图书的集合分发地，更像一个区域的公共文化空间，能活跃周边的社会文化氛围，激发文化活力，给人们带来精神享受和文化滋养。2023年春节，北京各家书店共举办不同主题阅读文化活动200

余场，陪伴读者度过一个书香假期。可见，激活各种资源，增加优质文化服务供给，实体书店才能更深地融入居民日常生活，在公众日渐增长的文化消费意愿中枝繁叶茂。

"我最爱去的书店／她也没撑过这个夏天。"一句歌词，唱出了一些人对身边消逝的实体书店的惋惜。尽管包括网红书店在内的一些实体书店经营面临困难，但转变也正在发生。北京给予192家实体书店房租补贴，南京开展文旅消费季活动、激发居民购书热情，武汉为部分实体书店提供扶持资金、支持书店向"专精特新"方向发展……各地积极出台支持实体书店发展的政策举措，守护身边的精神家园也逐渐成为社会共识。时代在变，人们的阅读方式和消费习惯与过去大不相同，但书店始终是城市的文化灯塔。创造良好的环境，让实体书店更好融入当代生活、在竞争中持续发展，需要我们长期的探索和共同的努力。

155

这正是：

潮起潮落，经营难与往日同；

一齐努力，共护书店书香浓。

（文 ｜ 孟繁哲）

不愿倍速播放，这部剧为何老少通吃？

　　春节假期结束了，开年大剧《人世间》的热度却持续居高，延宕出一股温暖的新春气息。这部现实主义力作，以北方某省会城市的周家三兄妹为视角，回溯 50 年来的中国百姓生活史，展现改革开放等重大历史事件。上至祖辈父辈，下至"90 后""00 后"，不少观众看得如痴如醉。

　　周姓一家的两代人，是大时代的微型缩影。父亲周志刚在西南参加"大三线"建设，长子周秉义响应国家号召成为第一批下乡知青，二女儿高才生周蓉随诗人丈夫远赴贵州乡村，家里留下小弟周秉昆与周母相依为命。历经知青返程、国企改革、经商热潮等重大事件，无论沉浮起落，无论志向如何，他们一直在平凡的岁月里相互扶持，共同前进。《人世间》的格局之大，在于它内蕴一种史诗般的张力：每个人在刻写人生轨迹、承担家庭责任的同时，也与时代历史共鸣共振，以坚韧的品质和温情的气质，形成对纵深时空的鲜活注解。

不少观众表示：看《人世间》不愿倍速播放。这必须归功于叙事的扎实与踏实、人物的充实与真实。全剧既不悬浮于真实生活之上，也不刻意迎合观众喜好、给角色贴上讨喜的"人设"标签。那些低微但不卑微、庸常却不庸俗的人物，那些存在这样那样弱点的角色，以最贴近生活的表演打动人心，像极了我们的左邻右舍、家中长辈。此外，流畅的镜头、考究的服化道、真实的故事情节，将中老年观众拉回青春时光；而扎实严谨的剧本、精良的制作、"神仙打架"般的演员演技，也为眼光挑剔的年轻观众带来清新的审美体验。不煽情不烂俗，即便是从前的人和事，在今天也能散发出别样的魅力。

《人世间》吸引不同年龄段观众的深层次原因或许在于，它以"日子是怎么变好的"为故事的内在逻辑，为观众呈现出一种进化的、向前的、涌动的生命活力。它符合文艺创作的叙事逻辑，更符合普通人的生活逻辑。即便是遭生母抛弃、后来成为单身妈妈的苦命人郑娟，也不放弃对于美好爱情的神往；周秉昆口中的"觉得苦吗？嚼嚼自己咽了"，为苦难人生提供了情绪出口。的确，日子往往是日复一日的踏实勤劳中，在酸甜苦辣的人生百味中，在抽丁拔楔的韧劲中，变得一天比一天好。当影视作品不再故作深沉、矫揉造作、凭空杜撰，而是回归精良标准、德性维度、平民视角，这些温暖而不失崇高的生活智慧，这些中国人代代相传的价值观，最能跨越年龄的隔阂而沁入人心。

尽管时代变迁，周家人身上的情义却始终未变。大哥毕业后从政，在大刀阔斧的改革中历经沉浮，却始终保有英雄主义和浪漫主义情怀；一直扎根底层的周秉昆一片痴心，为"死刑犯的寡妇"隐瞒秘密……所谓"情"，是在艰苦苍茫的岁月中常怀悲悯；所谓"义"，是甘替他人承担风险的善良意志。"人世间"，归根到底还要回到"人"

157

身上，回到人与人朴素的主体间关系上。如果说时下很多人患上了"城市孤独症"，《人世间》里淳朴真挚的集体"情义"，恰恰是对这种孤独感的最好抚慰。

想知道日子是怎么变好的，不妨看一看《人世间》。于小家而言，是每位亲人同甘共苦的一茶一饭；于国家而言，是每个建设者筚路蓝缕的一砖一瓦。导演兼总制片人李路说："它能让年轻的观众明白，我们如今的美好生活是怎么来的，如何来之不易。为什么当时我们国家一穷二白，现在却能发展得如此繁荣。"也如小说作者梁晓声所言，生活变好了，更要看看从前。忆苦思甜，温故知新。人生一世，草木一春，来如风雨，去似微尘。愿我们怀揣着质朴的热情，在生活世界里，温暖前行。

这正是：

周氏好儿女，情亲五十年。

此心系家国，悠悠人世间。

（文｜程红）

打开视频平台，服化道简单、海报醒目的微短剧，在首页推荐中占据越来越突出的位置；在影评软件上，有近 3 万人给某部微短剧打出 8.1 的高分；社交平台上，一些时间短、节奏快的剧集讨论度越来越高。在一些人尚未听闻微短剧为何物之时，微短剧已经在部分观众群体中悄然走红。

2020 年，广电总局重点网络影视剧备案后台将"单集时长不超过 10 分钟的网络剧"正式定义为网络微短剧。在此之前，一些视频已经迈出了压缩时长的探索步伐。从动漫作品里单集时长相当于泡一碗方便面的"泡面番"，到各类迷你网剧，都具备节奏快、时长短的特点，铺垫了微短剧的可能性。当下流行的微短剧，更贴合短视频传播的特点，比如时长大都在 5 分钟左右，从横屏发展出竖屏模式等。相较于普通的电视剧，微短剧的体量显然更小。正是因为要以普通电视剧约 1/8 的体量抓住观众眼球、留住观众，微短剧普遍选择了人物个性更鲜明、戏剧冲突更密集、节奏更紧凑的表现手法。

有人认为动辄五六十集的电视剧"注水"，也有人认为 5 分钟一集的微短剧是"数字咸菜"，批评其缺乏内涵。各花入各眼，看什么剧，选择权在观众手中，评价高低由个人的观看体验和好恶决定。但不可否认的是，微短剧确实切中了部分观众在忙碌的工作生活间隙追剧的需求。早在几年前，我国短视频用户的使用时长就已经超过长视频，但其中缺乏成熟的影视作品。微短剧的诞生，在填补观众碎片化时间的娱乐空白同时，凭借短平快的即时满足和高效的观影节奏占据了观众心中一席之地。

当然，"数字咸菜"的批评也并非空穴来风。当前微短剧行业内，作品质量参差不齐是一个客观现实。以前面提到的斩获 8.1 分的微短剧为例，充分发挥微短剧制作周期短的优势，紧跟社会热点，反映追星、盲盒、直播等社会现象，吸引了各个年龄段的观众。但与此同时，也有一些粗制滥造、堆砌"看点"的"狗血"剧，挂微短剧之名、行引流带货之实，无心打磨内容、一心吸引流量，以期用最短时间打造主角个人 IP 进而将流量变现。这类微短剧，污染了行业发展的风气，其中一些还有侵权违法之嫌，观众也从中看不到尊重、看不到用心，只看到对流量的追逐和对网络快餐文化的简单迎合。

从微短剧这一形式兴起，到被纳入正式备案，再到如今蓬勃发展，也不过短短几个年头。一个显而易见的趋势是，随着市场日渐扩大，行业内部竞争更加激烈。尤其是各大视频平台入局后，微短剧的生产投放更加专业化、精细化的进程明显提速。持续的探索中，一些作品走出了一条吸引观众为精品内容付费的道路。但怎样在激烈的市场竞争中赢得青睐、脱颖而出，如何在保留短平快特点的同时给观众带来更多思想和艺术的滋养，如何更好满足群众多样化、深层次的追剧需求，仍然是摆在所有创作者面前亟待突破的难题。

咸菜虽不能像大鱼大肉般果腹充饥，但也可以发挥佐餐爽口的妙用，"数字咸菜"同样如此。40 分钟的剧集可以铺陈一个宏大的世界，5 分钟的短剧也能浓缩一段精彩的人生。归根结底，时长改变的只是剧集的长度本身，而非内容的深度。无论时间长短，内容都应是关键。对于创作者而言，探索丰富微短剧的内涵，踏踏实实精耕细作，为观众提供更多样的选择，才能留下经得起时间和观众考验的好作品，为文艺市场的百花齐放增光添彩。

这正是：

萝卜青菜，观众各有所爱。

打磨口味，咸菜也可精彩。

（文 | 徐之)

161

新

知

165

　　或化作歌手在晚会上高歌一曲，或成为主持人在节目中抛梗接梗，近段时间以来，不少电视观众发现了一个新趋势，虚拟形象越来越多地出现在电视荧屏上。从虚拟偶像、虚拟歌手到虚拟主持人，他们涉及的行业也越来越广。虚拟形象究竟是什么？为什么要使用他们？他们的吸引力又在哪里？

　　所谓虚拟偶像，是指通过绘画、动画、CG 等形式制作，在虚拟场景或现实场景进行活动，但本身并不以实体形式存在的人物形象，通常活跃于二次元圈。而虚拟偶像的大规模"出圈"，则是从初音未来开始。一首《甩葱歌》，让这个小众圈子之外的人认识了这个有着绿色双马尾的"歌姬"，也让更多人了解到了虚拟偶像这一事物。

　　以初音未来为代表的早期虚拟偶像，和真人偶像最大的不同就在于其极简设定提供了无限可能。相比真人偶像饱满的人设，初音未来只有最简单的外形设定，在这个固定的拟人形象之下，其核心其实是一个音源库：提前录下的真人声线，可以根据需要合成输出各种歌曲。最重要的是，这个合成输出的过程由粉丝完成。这就意味着，每位粉丝都可以亲手塑造一个自己喜欢的偶像。好比一千个读者就有一千个哈姆雷特，同样地，一千个粉丝也可以有一千个初音未来。在二次元圈内，虚拟偶像犹如一个空白文本，为粉丝提供了挥洒才华的平台和投射情感的对象。可以说，这样的二次创作正是这一类虚拟偶像吸引力的源泉。

遍布全球的粉丝、一场接一场的线下演唱会，足以说明虚拟偶像的强大吸引力。但当虚拟偶像打破次元壁，走进现实世界的"三次元"，吸引力还能够发挥同样的效果吗？从初音未来横空出世，到国内虚拟偶像产业崛起、洛天依登上春晚，再到如今虚拟主播、虚拟歌手、虚拟网红广泛活跃在各种情境，相关产业正在我国迅速发展。有数据显示，2020 年中国虚拟偶像核心市场规模达 34.6 亿元，带动周边市场规模 645.6 亿元。但一边是市场炒得火热，另一边的观众却褒贬不一。过去几年，各行业各公司相继推出虚拟形象，但大多如昙花一现，初登舞台时引起万千关注，最后难逃暗淡收场。

其实不难理解各行业为何争先试水虚拟形象。一方面，初音未来等成功案例昭示着行业的巨大潜力，新世代的登场更改变了消费方式和内容。另一方面，相较于培养真人偶像，打造虚拟形象的风险更低，试错成本更小。但从现阶段来看，在应用场景的拓展过程中，虚拟形象往往被赋予了主持人、歌手、主播等特定角色。而越是具象化的定位，越会削弱原本虚拟形象的开放性和自由度，相应地，其能提供的情感价值也远不如早期虚拟偶像，粉丝黏性会不可避免出现下降。当技术能呈现给观众的惊喜消耗殆尽，在最初亮相的惊艳和新鲜感之后，虚拟形象靠什么吸引和留住观众，是行业在前行中必须回答的问题。

在谈到对现在市面上虚拟形象的看法时，一位二次元圈的朋友表明了自己的态度：培育一个虚拟偶像，不只是创作一个形象那么简单。虚拟形象的广泛应用，要归功于技术的进步，尤其是 AI 技术的应用。但要塑造一个深入人心的形象，光靠 AI 技术显然不够。回看 2021 年，行业大浪淘沙，能够留存下来的虚拟偶像，无不依靠以下因素：强烈的个人风格让形象脱颖而出，精湛的技术支持让拟人化更贴近真实，持久的运营维护则是密切和粉丝联系的关键，三大要素共同构成了虚拟偶像的不可替代性，使其在市场上牢牢站稳脚跟。

虽然人们常常调侃虚拟偶像绝不"塌房"，但对于雨后春笋般冒出来的各种虚拟形象来说，能不能顺利建起自己的横梁立柱还是未知数。现阶段不乏有人看好虚拟形象的发展前景，甚至与"元宇宙"结合起来，争相冲入赛道。行业的未来或许是星辰大海，但目前不妨先缓步下来，思考一下冲刺目标在何方，以及抵达终点的路到底要怎么走。

这正是：

有人万众瞩目，有人落寞收场。

遍寻虚拟现实，何为立身良方？

（文丨徐之）

167

互联网时代的「副业」，该如何正确打开？

提起副业，想必大家并不陌生。从物资短缺时代，一项副业往往能添补一家人的生计，到改革开放初期，为了吃饱穿暖，不少人从副业开启创业生涯。而步入互联网时代，人们在副业的选择上又有哪些新变化、新特点？

一份报告显示，有近五成的"90后"有副业，从业人数比例最高的是微商、撰稿、代购、设计。而某招聘网站发布的《2020年白领秋季跳槽及职业发展调研报告》也提到，新型灵活就业成为不少职场人的选择，有32%的白领甚至认为可以"转副为正"。一叶知秋，数据折射现象，那就是拥有一项或者几项副业正在成为不少年轻人特别是互联网从业者的就业模式。在新冠疫情的影响下，不管是追求"技多不压身"，还是未雨绸缪为下一次华丽转身铺好路，人们做副业的热情恐怕还会持续高涨。

从某种意义上说，副业是匮乏经济时代的产物，当一项工作难以满足生计需要，自然就要另辟蹊径。但置身互联网时代，副业热情高涨与其说是被迫选择，更多是顺势而为的必然现象。这个势，就是互联网蓬勃发展带来的就业形态更加多元、就业方式更加灵活。高效的信息传播方式，让工作不再局限于一时一地，资源的灵活配置带来更多实现价值的途径。现实中，有人利用兴趣爱好发展副业，兼职做舞蹈、美术老师，收入不菲；有的在业余时间接一接翻译、设计的活，也算把特长变成谋生技能；有人拍短视频、做新媒体，轻松月入上万。新就业形态下，劳动者与工作岗位的关系不再像传统产业模式下那样紧密，不断拓展着人们从事副业的空间。

就业形态变化的背后，也是观念、价值的重塑。相较于"一条路走到底"的工作态度和追求稳定的"铁饭碗"，敏锐、独立而又上进的年轻人保持了对多元就业的开放心态，总能在快速变化的就业市场捕捉到发光发热的"一席之地"。社交媒体关于副业的讨论中，"安全感""可能性"是高频词汇。的确，在"变化是唯一不变"的当下，安全感不仅意味着一份稳定的工作，更是多一份掌控自己人生的能力、进退自如的本领和不给自己设限的就业选择。换句话说，不在固守舒适区中寻求安全感，而要在多元尝试中发现新可能。现实中把副业变成主业，以此打开新赛道的人比比皆是，这也启示我们，把本职工作做到极致无疑值得敬佩，通过副业赋予人生更多积极主动的色彩，也值得尊重。

当然，并非所有的副业都以多赚钱为目的，互联网时代的"副业"还有其他的打开方式。前不久，伊犁州文旅局党组成员、副局长贺娇龙讲述了自己如何通过互联网宣传家乡、发展旅游、服务社会的故事，这位因策马雪原而走红的干部让不少人看到"副业"原来也可以发挥更大价值。而把视野放宽，我们看到乡镇领导频频出现在助农

169

直播间，医生加入互联网科普队伍，基层民警变身网络反诈主播……
这样的"副业"百花齐放，实际上是治理领域的一种创新。把主责主
业和副业结合起来，通过副业来推动主业更好开展，这样的副业既是
职业形态自身的变迁，也是社会治理和服务的增值。

　　不过副业的"副"，意味着其从属地位，如何平衡主业和副业的
关系，多少成为副业热潮中需要审视的难题。副业和主业相互促进再
好不过，但如果做副业影响了主业的完成，岂不是得不偿失？对年
轻人来说，不怕吃苦、敢于挑战值得称赞，但除了副业还有许多值得
做的事，比如充电学习、提升职场软实力等。从这个意义上讲，跟风
副业不可取，没有副业也不必焦虑。毕竟，只要时间不虚度，总有一
天会抵达想要的人生。

　　这正是：

　　副业本从属，平衡费功夫。

　　跟风不可取，奋斗铺前路。

（文丨沈若冲）

北京时间 2022 年 4 月 9 日 20 时 29 分，太空探索技术公司 SpaceX 的"龙"飞船搭载着 4 名乘客与国际空间站完成对接，国际空间站迎来了历史上首次"全私人"太空旅行。5500 万美元一张"船票"，圆一个太空梦，这样的故事有没有打动你？

当航天员进入浩瀚而神秘的外太空，抬头仰望的人们，不免产生飞到太空看一看的憧憬。太空旅游一直是航天领域的热点话题之一。体验失重的感觉，从太空俯瞰蓝色地球，沉浸式感受无垠星空，让人心驰神往。

一般来说，距地球 80—100 公里左右被认定为航空和航天的分界线，可看作太空边界。显然，和乘坐热气球环游世界相比，去太空旅行更超乎想象，其难度之大、危险程度之高、操作之复杂也可想而知。如今，随着航天技术的发展，特别是运载工具的运载能力不断增强，舒适性、安全性不断提升，普通人能够适应的太空旅游不再是遥不可及的梦想，太空旅游也逐渐从科学幻想变为现实。

2021 年，全球范围内完成了数次由非职业航天员参加的太空旅行，率先拉开了太空旅游的商业化序幕。我国今年发布的《2021 中国的航天》白皮书提出，未来 5 年中国航天将培育发展太空旅游等太空经济新业态，提升航天产业规模效益。中国航天科技集团此前也规划在 2025 年前后，研制成功可重复使用的亚轨道运载器。这些无疑为人们打开了关于太空旅游的想象空间。

目前，太空旅游主要集中在亚轨道飞行和近地轨道飞行两种。前者是指飞行器飞行高度在 100 公里左右，但并不进入近地轨道绕地球飞行。在这个高度，乘客也可以体会零重力状态，以"太空视角"欣赏壮美的地球全景。但由于乘坐的飞行器往往以抛物线飞行，在亚轨道高度停留的时间较短，乘客体验到的太空失重只会持续几分钟。真正意义上的太空旅游，一般由火箭将载人飞船发射入轨，随后飞船在近地轨道上绕地球飞行，乘客的太空观光之旅能持续好几天。

对于航天产业而言，发展太空旅游，不仅是实现高科技创新集成、先进科技成果转化的一个重要方面，也是商业航天领域潜力巨大的增长点。由于费用高昂，尤其是当前一趟轨道飞行旅游的费用动辄上千万美元，现阶段的商业太空旅行还处在探索起步阶段，对于很多人来说仍然可望而不可即。就此而言，广泛开拓太空旅游的商业市场，除了攻克技术难关外，降低太空旅游的费用同样势在必行。值得一提的是，随着火箭回收、飞行器重复利用等技术的进一步发展，太空飞行的成本正在逐渐降低，为发展太空旅游带来新的契机。

人类对太空的好奇与探索，从未停止。可以想见，当发射和飞行成本降到一定程度，更多人的航天梦有望成行。当亚轨道和近地轨道上的太空旅游成为常规项目后，太空旅游的目的地会不会进一步拓展到月球乃至火星，同样值得期待。

这正是：

苍穹连宇宙，银河一叶舟。

何当凌霄上，太空任遨游。

（文 | 余建斌）

这几天，美国航空航天局的詹姆斯·韦伯太空望远镜发布了首批5张高分辨率宇宙深空全彩照片，揭开了神秘太空的一角。科学家们通过韦伯太空望远镜获得大量红外图像数据，随后经过包括"涂色"在内的一系列技术处理，"洗"出高清照片，生动、直观地展示了迄今为止观测到的宇宙最深处、最古老景象，再一次拓展了人类欣赏宇宙之美的新视角。这些记录宇宙深处的彩照让人目眩神迷，比科幻片更富科幻色彩，几乎完全符合我们对未知宇宙的奇妙幻想。

看到宇宙"最初"的模样，难免惹人遐思。韦伯望远镜照片所呈现的宇宙深处，距离地球130亿光年之遥。光出发走了130亿年，才抵达我们眼前，描述着130亿年前的宇宙模样。按照目前的科学理论，138亿年前的宇宙大爆炸标志着宇宙的诞生，那么韦伯望远镜视线所及的星系，形成于宇宙早期，堪称是宇宙最早的样子。不禁感慨，当承载着宇宙古老记忆的光一路跋涉而来时，最开始还没有太阳、地球，地球上还没有生命、人类，之后人类的先祖还与猿猴一样在树上游荡，还不知道群星是何等的美丽，当这些光线抵达这个蓝色星球时，它们依然还是它们，而我们已经张开了探索的眼睛。看似渺小的人类，用探索之心总可以发现新的世界、做出伟大的壮举。

负责韦伯望远镜观测任务的天文学家也感叹，这些观测到的照片，在视觉与科学上都展现了令人瞠目结舌的美丽与力量。韦伯望远镜之所以能够看得如此遥远，是利用引力透镜效应的科学原理，通过距离地球 46 亿光年的巨大星系团，放大背后更遥远的星系，从而捕捉到 130 亿年前更遥远星系所发出的光芒。通过科学家的解释，我们不仅看到星光熠熠的星系，奇诡无比的星云，由巨大的气体云和尘埃云构成的"宇宙礁"或"宇宙悬崖"陡峭险峻，还得知了在这些"恒星的摇篮"中，新一代的恒星正在悄悄孕育形成……远古时代人们的抬头望天，产生了神话和宗教，如今的仰望星辰，则借助科技这架"探索"望远镜的力量，获得了更多自然奥秘的答案，让人们看得更深更远。

在浩渺的宇宙太空面前，人类实在是太过渺小。但这不意味着，人类在神秘和未知面前只能束手无策。韦伯望远镜能够放眼宇宙深处，就在于它集结了数千名工程师、数百名科学家、几百所大学、机构和企业 20 多年的共同努力，最终被送入位于地球外约 150 万公里处的引力平衡点，成为迄今功能最强的太空望远镜。如今，能够掀起宇宙"最初"模样的面纱，也让投入巨大的科学计划赢来"值得"两个字，并告诉人们，在探索未知的道路上，雄心代表着一种志向，那么耐心同样也是一种智慧。

因此，这样的疑问总是存在：花这么多钱看看宇宙风景有什么价值和意义？耗费庞大财力物力的大科学工程和大科学计划，和我们

175

普通人有何相干？的确，探索宇宙的奥秘，科学计划的产出，真正惠及普通人的生活，往往是漫长的、不可预知的。但无数事实也证明，科学技术的每一个进步，都会带来人类文明的又一段发展。而最起码的是，这些宇宙深空的高清彩照成为社交网络上的热点话题，证明在我们日常的脚步匆匆中，也愿意为了内心的星辰大海仰望星空。

这正是：

日月安属？列星安陈？

事在人为，胜天半子。

（文 ｜ 余建斌）

近日，《现代汉语规范词典》完成新一轮修订，推出第四版，收录单字 1.2 万余个、词目 7.2 万余条、例证 8 万余条，引发关注与讨论。

历时 8 年，本次修订有哪些变化，人们最为关心。修订后的《现代汉语规范词典》，一方面增补了近千条新词语，既有共享经济、碳达峰、碳中和、刚需、学霸等新词，又有见贤思齐、文以载道、束脩、举隅、竹枝词等此前未收录的传统文化词语。另一方面，不少词语近年来增添新用法或改变了意义，也被收录其中。比如"刷身份证""刷脸"等新场景给"刷"带来新意涵，"云计算""云存储"则让"云"也触了网。从中不难发现，词汇之变出自社会生活之变，词语之新源于时代发展之新。

布新的同时也有除旧修旧。单放机、八进制、夯机、打柴……要么是一些过时或使用频率较低的词语，要么是个别见词明义、查阅价值不大的词语，均在本次修订中适时淘汰。此外，这次修订还参照最新的语言文字规范标准和相关法律法规，订正了部分词语的释义。字词是最活跃、最敏感的时代晴雨表之一，增补、删除、修改、订正，无不展现着时代发展变化的步伐，呼应了当下社会生活的脉动。

从2004年推出第一版开始，《现代汉语规范词典》迄今已完成3次修订。从第一版收录"非典型肺炎""蓝牙技术"，到第二版加入"和谐社会""生态文明"，再到"正能量""接地气"写进第三版，纵览这些年的变动，从中可以体察时间之河在语言的河床上洗刷、沉淀留下的印记。其实，不止《现代汉语规范词典》，第六版《现代汉语词典》收录"给力""雷人"等网言网语，第12版《新华字典》收录"点赞""刷屏"等多个新词，并增补"卖萌""拼车"等词语的新语义新用法……权威辞书与时俱进的"新陈代谢"，背后是汉语言词汇系统及表达的更新，成为时代变迁的生动注脚。

当然，辞书不仅记录当代社会生活，也事关汉语规范。汉语发展历史悠久，任何一次嬗变都是最新社会实践的体现。社会发展至今，汉语表达的丰富性和多样性空前，尤其是在互联网的助推之下，汉语迎来了前所未有的活跃期。新词新义何其多？但最终能被收录进辞书的毕竟是少数。不少网言网语、潮词新语只在一时的热潮中昙花一现，便淹没在语言的大海之中。从这个意义上说，能否在流行中稳定、能否真正进入群众生活并具有一定品位，不仅是新词能否进入辞书的标准，更是这些新词生命力的体现。放在更大的时间视角下审视，种种版本的辞书，不仅要呈现语言的真实面貌、服务当下生活，也是时过境迁之后还原当时语言文字和历史文化的重要参考。

各大辞书每次增补修订，总会成为公众热议的话题。有人认为语言要与时俱进，也有人担心盲目求新会适得其反。实际上，正是在规范性和鲜活性之间的来回推拉，造就了语言发展的演进。芳林新叶催陈叶，造就了大树的生生不息；流水前波让后波，成全了河流的滔滔不绝。也正因此，面对纷繁的新词新义，不妨持有更为乐观、宽容的态度，只要没有偏离正确的方向，可以将时不时出现的分支视作对道路的延伸、拓展和探索。当然，接受语言的嬗变和鲜活，并不意味着漠视规范。正如有学者所言："语言是活的，有如河流，不能阻其前进……也不能忘了两岸，否则泛滥也会成灾。"

有意思的是，不仅收录的词语和义项兼容性更强，一些词典本身也迈出数字化步伐、正在探索更多可能。《现代汉语规范词典》已经开始创新词典形式、拓展词典应用场景，以更好地服务读者。任何一种语言都要在不断自我更新中保持不竭的生机，守正创新、与时俱进方能延续旺盛的生命力，这或许是词典修订给我们带来的最重要启示之一。

179

这正是：

前波让后波，奔流力不竭。

创新亦循规，情真意更切。

（文｜周珊珊）

一勺三花淡奶，两滴焦糖色素，"海克斯科技"你敢吃吗？

煮羊汤时来一勺"三花淡奶"，汤色立马变白；烤鱿鱼加入"满街飘香油"，瞬间香味扑鼻；炒糖色不用熬冰糖，有焦糖色素和甜蜜素就行……近一段时间，几位博主在短视频平台揭秘了餐饮行业一些不为人知的"门道"，介绍了简单食材化身网红食品的做法，也让"海克斯科技"一词走红。

海克斯科技，原本出自网络游戏，指的是一种魔法与科技融合的顶尖技术，在相关短视频中则成了食物"化腐朽为神奇"的方式。在简单食材中加入一勺粉末、几滴液体，经过搅拌蒸煮，就能调制出备受欢迎的食品。这些类似化学实验室中的精密操作，迅速引发网友关注，也引起不少争议。有人认为：它提醒消费者擦亮双眼、理性消费；也有人认为：这些做法并非普遍情况，以偏概全无异于贩卖焦虑；也有人直截了当：一段短视频，比唠叨了20年的妈妈管用，看了再也不想吃了。

关于"海克斯科技"的争议，关键还是在于如何看待食品添加剂。近年来，由于人们的健康需求与日俱增，不时出现的食品安全事件，使得不少人听到闻"防腐剂""添加剂"而色变。食品添加剂一度被看作化学试剂，被一些人视为绿色、安全、品质的反义词。"海克斯科技"的相关案例似乎进一步加深了人们的这一印象。

事实上，从油盐酱醋等传统调料，到色素、香精、增稠剂等包装袋常客，食品添加剂包罗万象。从大汶口先民以蔗糖酶酿酒，到东汉时期以盐卤制作豆腐，从公元前 1500 年古埃及用食用色素为糖果着色，到古希腊古罗马用卤水腌制橄榄，很多食品添加剂沿用至今，为人们带来丰富的味觉享受。进入工业时代，数万种添加剂成为现代食品工业的重要组成。香料改善食品质地和风味，添加了抗氧化剂的油保质期更长，多种维生素使食品更有营养……食品添加剂已成为改善食品品质、增加色香味的必要手段，帮助四海八荒的风味走上千家万户的餐桌。

我国明确制定了《食品安全国家标准 食品添加剂使用标准》。其中，"不应对人体产生任何健康危害"是食品添加剂使用的首要标准。从这个意义上说，添加剂类别、用量、适用范围符合国家规定，食品生产的安全性就有了保证。此前我们曾提及雪糕中添加的卡拉胶，来源于红藻类植物，按生产需要可以适量添加；我们也聊过"味精"谷氨酸钠，尽管一度遭遇信任危机，但并未被证实有危险性；因视频而被人熟知的三花淡奶，实际只是新鲜牛奶的浓缩品。可以说，食品添加剂并不是恶魔，也不应该为啥都不敢吃"背锅"。

那么人们对于食品添加剂的疑虑从何而起？其一，非法添加物浑水摸鱼。此前发生的苏丹红、吊白块、瘦肉精、三聚氰胺等恶性事件不是食品添加剂使用问题，而是不良商家使用了有毒有害的非法添

181

加物。其二，假燕窝不被市场接纳，不在于添加剂食用明胶不安全，而在于货不对板、涉嫌欺诈。"海克斯科技"中牛肉不含牛、奶茶不含奶、糖水做蜂蜜、面粉做虾仁等案例即属此类。其三，正如每天不能摄入过多糖和盐，添加剂不能脱离剂量谈危害。比如，炸油条可以使用食品明矾，但铝残留量不得超标，否则有可能对人体造成伤害。一些商家为了追求利润，超范围超限量使用添加剂，为食品安全埋下了隐患。

"海克斯科技"引发关注背后，是人们对"挂羊头卖添加剂"的担心、对规范食品市场秩序的期待。让食品生产更加规范，必须按国家标准使用添加剂并在显著位置标明，保障消费者健康权、知情权；对于无良商家滥用添加剂的行为，消费者往往很难直接分辨，相关部门应当加大查处及惩处力度，切实保护人民群众"舌尖上的安全"，莫让下饭馆、点外卖成为难题。

科技是一把双刃剑。食品添加剂名单的不断扩容，为推动食品生产规模化、食品种类多样化立下了功劳，但正确认识、合理使用各种添加剂又成为摆在人们眼前的挑战。从这个意义上说，"海克斯科技"的走红也是一次科普契机。正如一位网友所说：我正在学习解读配料表中的信息。除了了解不法商家套路，尝试扭转"零添加才健康"的先入之见，认识添加剂的种类和使用，或许能为我们的生活带来更多便利。

这正是：

有人烹调靠手艺，有人做饭靠科技。

何须争论比高低，食品安全是第一。

（文丨卜拉）

8000000000！我们离「人口爆炸」还有多远？

据联合国宣布，世界人口在 11 月 15 日达到 80 亿。当日，菲律宾人口与发展委员会将在马尼拉诞生的女婴威尼斯·玛本萨格认证为全球第 80 亿名成员。人们很难确认蔚蓝星球在何时何地恰好达到 80 亿人口，但这一象征性节点仍然是重要的里程碑。

80 亿人口之所以成为里程碑，绝不仅是数字意义上的新台阶。一方面，这是迄今为止最快的一次 10 亿人口增长。回望人类发展史，人口从 0 到 10 亿，经过了数百万年的漫长岁月。工业革命以降，人类每增长 10 亿用时越来越短，从 70 亿到 80 亿仅仅用了 11 年零半个月。但另一方面，人类在步步逼近人口峰值的同时，人口增长并非越来越快，目前全球人口增长率已下滑至 1950 年以来的最低水平。多位人口学家表示，80 亿标志着全球人口快速增长时代的终结。一升一降，对人类发展具有深远意义。

毋庸置疑，世界各国经济社会不断发展，卫生健康状况不断改善，疾病控制能力不断提高，预期寿命不断增加，让更多人能够安然生活。从这个角度看，80亿人口无疑是历史的巨大成功。但挑战与机遇并存。其一，人口增长要求更多资源投入，对教育、医疗、能源、生态环境等方方面面造成更大压力。近年频发的高温热浪、严重洪灾等极端天气，就让我们更直观地看到人类活动对地球家园的影响。其二，人口结构变化带来的老龄化问题、人口大规模流动问题等，也给经济发展、社会治理带来新的挑战。一旦处理不当，或将带来灾难性结果。

很久以来，人们一直在讨论地球能养活多少人的问题。有人测算，现在的人口需要1.75个地球来承载。也有学者认为地球容纳人数的天花板是100亿、140亿甚至上千亿。事实上，这一问题的答案并非固定不变，人类在压力面前也并非束手无策。正如甘地所说：世界上的东西足以满足每个人的需要，但不足以满足每个人的贪欲。资源有限，环境容量有限，但利用资源的效率可以提高，满足需求的能力可以提升，人类需求的结构也可以改变。不久前，联合国人口活动基金网站首页显示了一个"∞"符号，它既是一个横着的"8"，也是数学符号"无穷大"。只要80亿人拿出行动，就能拓展更多生存空间，创造无限可能。

80亿人口无法化约为人多人少、增速快慢的简单判断。在区域人口发展不均衡的背景下审视各国人口现状，各有各的挑战，也必须因地制宜，办好自己的事。时下，全球增长的一半人口集中在刚果（金）、埃及、埃塞俄比亚、印度等8个国家；与此同时，已有50多个国家出现人口减少问题。对于一些中低收入国家而言，持续高生育率既是发展缓慢的结果，也是发展缓慢的原因，如何将人口增长转化为发展红利，需要从产业结构等方面作出调整。对于少子化、老龄化社会而言，保持人口活力成为必须解决的问题。

从共性上看，解决人口问题仍然有共同的路径，既要关注人口数量，更要关心人类生存发展。几十年来，中国用占世界 9% 的耕地养育了世界 1/5 的人口，杂交水稻等农业技术创新功不可没，彰显着科技进步的巨大潜力。此外，保护环境、节约资源有助于形成绿色生活方式，让人与自然和谐发展；改善教育、扩大就业有助于促进人的全面发展，使人们更好实现生育意愿，推动生育率趋于合理。

环球同此凉热，没有人可以置身事外。近日，联合国秘书长古特雷斯在题为《80 亿人口，一个人类》的署名文章中指出，人类大家庭在日益壮大的同时，也面临着日益严重的不平等问题。贫穷和饥饿仍然存在，战争和分歧尚未消弭，一些国家在气候治理上推卸责任，一些国家频繁挑起地区矛盾，以牺牲他人趁机渔利，以零和博弈破坏秩序。世界怎么了、我们怎么办？习近平主席在二十国集团领导人巴厘岛峰会上强调"让团结代替分裂、合作代替对抗、包容代替排他"，为回答这一课题提供了中国智慧。共谋发展，需要大国作出表率、展现担当，需要各国携起手来，在粮食、能源、气候等方面加强合作。

200 多年前，人口学家马尔萨斯曾预言，随着人口增长超过食物供给，人类将面临"人口爆炸"的灾难。如今，马尔萨斯的预测固然没有成为现实，但人类的生存境遇发生了深刻变化，人类社会面临各种未曾预见的问题。站在 80 亿人口的节点，我们更应该思考人类将何去何从。茫茫人海中，你我或许素不相识；同一艘船上，点燃 80 亿个梦想，凝聚 80 亿份力量，我们就有望共同驶向更加美好的未来。

这正是：80 亿人口，同一个未来。

（文丨田卜拉）

185

看不见的世界里，有「看」得见的

186   "闭上眼睛，头微微向上抬起，认认真真倾听"……对视障朋友来说，"看"电影这一遥不可及的"奢望"，正在走进现实生活。在电影对白和音响的间隙，插入对于电影画面的讲述，描绘画面内容及其背后的情感与意义，这种"无障碍电影"为视障人士呈现一场"视"听盛宴，让他们得以和普通人一样在光与影的世界随心翱翔。

　　"用声音传递色彩，用聆听感知艺术。""光明影院"是我国首个以高校师生为志愿者主体的无障碍电影公益项目。从2017年底创立以来，先后有500多名师生志愿者加入该项目，制作完成了500多部无障碍电影和46集无障碍电视剧《老酒馆》。截至目前，"光明影院"在全国31个省区市进行公益放映和推广，将无障碍影视产品送到各地2244所特殊教育学校。因为"光明影院"，许多视障人士欣赏到了人生第一场电影，领略到了光影世界的无穷魅力。

　　研究显示，普通人获取的信息大约80%以上源于视觉。电影被称为"光影盛宴"，而失去视觉，意味着一切源于光影的情节、美感和想象力，还有光影里那个辽阔而灿烂的世界，统统归于混沌。为视障朋友搭建一条通往心灵的"文化盲道"，这是"光明影院"诞生之初确立的目标。为此，志愿者们一直致力于制作出让视障人士"看"得明白并吸引他们走进电影院的无障碍电影。分析剧情、精心撰稿、娓娓道来，一部部无障碍电影就这样通过声音走进了视障人群的世界。

让更多视障人士感受电影之美，并非易事。从选片、写稿，到录音、剪辑、混音……一部无障碍电影的制作几乎是二次创作。可以说，每一次观影的背后，都凝结着数不尽的坚持与付出。对于"光明影院"的志愿者来说，制作一部无障碍电影，至少要按3000次暂停键，一部电影看30遍以上、一个镜头看100遍以上都是常事；两个小时的电影，讲述稿长达2万多字，前后需花费1个多月时间制作；每次放映活动前，还要制定周密的工作流程，进行一遍又一遍的演练，以确保视障朋友的安全……正是这样不辞辛苦的付出，让越来越多视障人士拥有了享受优秀文化成果、参与社会文化生活的机会，让他们"看"到了五彩斑斓的世界，也感受到了来自全社会的关心关爱。

"光明影院"的寓意，是帮助视障人士寻找光明、获得希望。5年多来，通过"光明影院"项目，不仅志愿者们为视障朋友投来"一束光"，视障朋友也在为志愿者们带来温暖。在制作无障碍电影过程中，志愿者们克服一个个技术难题，努力用专业知识服务社会；而在与视障人士近距离接触中，志愿者们也感受到了逆境中自强不息的精神，收获了向上向善的力量。如今，这项改善视障朋友生活品质的事业，有了越来越多的志同道合者。从各大电影节设立固定公益放映单元，到网络视听平台为"光明影院"开启线上传播模式，越来越多力量汇聚到一起，一定能让更多视障朋友在光影里"看"见世界，我们的社会也将在这种善意的传递中正能量充盈。

对残障群体的关爱，体现着一个国家的文明程度。近些年来，大街上的盲道越来越便利，公共场所的无障碍电梯、卫生间等日益普及，互联网和智能手机等的无障碍功能不断完善，无障碍书店使视障人士尽享阅读的美好……无障碍设施和服务不断优化升级，让残障人士"有爱无碍"，不仅享受到更便利的生活，也拥有了更多人生出彩的机会。未来，随着技术的进步、基础设施的完善、志愿服务事业的发展，我们一定能建设一个对残障人士更包容、更友好、更便捷的世界，让他们更好融入社会生活，共享经济社会发展成果。

同在蓝天下，携手向未来。除了"看懂"电影，如今残障人士对美好生活的向往也日益多样。希望越来越多像"光明影院"志愿者们一样的爱心人士持续发力，不断为无障碍事业发展贡献力量，帮助更多残障人士享受平等权益，让他们拥有更多获得感、幸福感、安全感。

这正是：

心向光明，有爱无碍。

（文｜飞扬）

姓「niǎ」改姓「鸭」，我们应该如何对待生僻姓氏？

近日，一则"因姓氏太罕见全村集体改姓'鸭'"的消息受到不少关注。可能很多人在看到这条新闻前，并不认识这个上半部分是少了一横的"鸟"、下半部分是"甲"的"niǎ"字。这个姓氏来自云南丽江永胜县大山深处的村落，全村近 700 人都是傈僳族人，家族以鸟为图腾，数百年来一直使用"niǎ"姓，靠书写来传承。然而随着网络时代的到来，电脑系统无法输入和显示该字，村民开户、出行、申请入学等面临诸多不便，无奈只能改姓"鸭"。

因生僻姓氏造成困扰的，不只是"niǎ"姓人。据报道，山东菏泽高庄村有上百人姓"亘"（音同"陕"），由于电脑输入法打不出，有村民无奈之下只能改姓"冼"或"显"。据不完全统计，中国有超过 6000 万人名中包含生僻字，这些字无法在数字设备中顺畅输入和显示，在公共生活中遭遇不少麻烦。尽管改姓之后，日常生活的确方便很多，但这个过程本身意味着一定程度的"妥协"。更值得关注的是，原本特别又饱含寓意的姓氏，在一次次更改中极有可能慢慢消失。

历史地看，中华姓氏的起源可以追溯到距今 5000 多年前。每个姓氏背后，都有特定的历史渊源和文化内涵。有赵、钱、孙、李这样的单姓，也有皇甫、令狐、南宫这样的复姓；有取材自先秦国名的齐、鲁、晋，也有来自职业之称的巫、陶、屠……姓氏形式丰富，源远流长。从这个意义上说，姓氏不仅是称谓，也代表着血脉相连和亲情传承，回应着"我是谁""从哪来"的追问，是每个人寻根溯源、不忘来路的重要依据。尤其是一些生僻姓氏，往往蕴藏着特殊含义或者记录了特殊历史。如果因为电脑系统难以识别，让一个个生僻姓氏流落、凋零，不免令人惋惜。

"为什么不是更新系统而是让人家改姓？"相关新闻下，一则网友的留言引发了热议。支持方觉得科技需要以人为本，理应让系统满足公众的需求，而不是倒逼着人们改掉那些有悠久历史的姓氏；反对方则表示，重新录入非常烦琐，短时间也很难保证各种系统都及时更新，极有可能存在不同系统"打架"的情况。客观来说，我国地大物博、历史悠久，包括姓氏在内的生僻字、冷僻字不少，难免在字体库里有所遗漏。从发现、提交，到编码、应用，这个过程并非一蹴而就，需要在生僻字数字化链路上多方一起行动。尽管莫衷一是，但有一点得到了起码的共识，那就是姓氏不应成为负担，信息化不应成为麻烦。正视也许为数不多但是真实存在的需求，让生僻姓氏走进数字世界，是社会温情的体现，也是技术进步的意义。

事实上，相关部门和社会组织近些年也在不断努力，希望在系统集成和人文关怀中寻找到最优解。2022 年 7 月发布的新版《信息技术 中文编码字符集》强制性标准，新增了 1.7 万余个生僻字，覆盖我国绝大部分人名、地名以及文献、科技等专业领域生僻用字，将于今年8月1日正式实施。前些日子，由工信部电子工业标准化研究院指导和推荐的生僻字征集小程序正式上线，通过考证、审查、赋码等一系列专业审核的生僻字，将被收录国标字库。每每通过专业且合理的流程纳入一个生僻字，就是在释放一重暖意，不仅能免去很多"查无此姓"的麻烦，也让拥有生僻姓氏的人更有归属感及认同感。未来，还需要进一步加强公众参与、拓宽反映渠道，并督促各级各类系统及时更新字库。

常言道"行不更名，坐不改姓"，足见姓名对一个人的重要性。而今，齐心协力"打捞"那些处在消失边缘的生僻姓氏，做好稀有姓氏文化的挖掘、整理、保护工作，这也是时代发展进步的一部分。

这正是：

赵钱孙李打头阵，

奭（shì）爨（cuàn）麴（qū）厍（shè）莫失声。

191

（文 | 周珊珊）

2023 年 7 月底，火遍全网的贵州"村超"迎来决赛。最终车江一村队以总比分 6 : 5 惊险夺冠，为这项历时 2 个多月、共 98 场比赛的精彩赛事画上圆满句号。眼下，"村 BA"西北赛区比赛也在宁夏固原吹响哨声，正如火如荼展开。从 2022 年到 2023 年，"村 BA""村超"在全网走红，惊喜不断之后人们也在思考其未来发展的出路。

人们为什么喜欢乡村体育赛事？接地气和有活力是最主要的原因。"村 BA""村超"赛事现场，不仅有各行各业的人挥洒汗水、追逐梦想的火热比拼，更有独属于乡村特色的"土味"场景：赛前进场，群众身着民族服饰，肩挑特色美食；中场休息，侗族大歌齐声唱响，各式舞蹈轮番展演；观众席间，糯米饭、腌鱼、卷粉等特色美食滋润味蕾，以飨游客。民族、地域特色满溢，美食、美景充斥，把观众的感官充分调动起来，丰富了体育比赛的元素，展现乡村体育赛事的特有魅力。

乡村体育赛事为啥首先在贵州走红？一方面是群众基础好、参与人数多。贵州台江县的"村 BA"，源自一年一度的"吃新节"。当地人热爱篮球，有"逢节必比赛、比赛先篮球"的风俗习惯。因"村超"火爆出圈的贵州榕江县，当地老百姓从 20 世纪 90 年代就自发组织在露天球场比赛。另一方面则得益于坚持群众主体、突出地方特色。政府到位不越位，群众添彩不添乱，充分融合民族文化和非遗文化，共同汇聚成乡村体育赛事爆火的"神奇密码"。

"村 BA""村超"给当地留下了什么？过去只是村民们闲暇娱乐的运动，如今成了全网关注的文化现象，给当地带来了文旅融合的新契机。以榕江为例，2023 年 5 月接待游客 107 万人次，同比增长 39%，实现旅游综合收入 12.41 亿元，同比增长 52%。同时，随着知名度在全国打响，带动地方农特产品"出山"成为可能。乡村体育赛事不仅成了当地对外宣传的名片，也成为人们重新认识乡村、凝聚发展合力的渠道。承载乡愁记忆、映照火红生活的乡村新貌展露无遗，快乐运动、自信阳光的精神面貌为之一振。从冒热气到聚人气，不仅是体育赛事，更是乡村建设。

以上三个问题的答案，已经让乡村体育赛事的出路跃然纸上。要想继续走下去，并且走得更好更远，仍需坚持"人民体育人民办、办好体育为人民"的理念，留住浓浓"村味"，锁住层层"土味"。放眼全国，做活乡村体育赛事，不能简单把贵州的成功经验"复制粘贴"，而是要立足当地资源禀赋和发展基础，因地制宜，因势利导，同时重视受众基础，确保赛事参与感强、可嫁接性高，拉动城乡协同联动。

火热的，不仅是篮球、足球。2023 年以来，乡村体育赛事蓬勃发展，多地龙舟大赛、海南文昌"村排"，持续上演精彩场景。借助特色赛事吸引流量，带动地方农、文、旅、体融合发展，成为很多地方不约而同的选择。与此同时，"村"字头的风也吹到了体育之外的领域，"村晚""村秀"层出不穷。精准对接个性化、细分化市场，挖掘符合自身需求的文体活动、周边产品，打造独具特色的"乡村IP"，打开了乡村振兴新思路，让人倍加期待。

此前，有记者去"村超"冠军队所在的榕江县车江一村采访，问当地村民：如果"村BA""村超"不火了，怎么办？卖水果的杨永兰回答很冷静："那就把摊位挪回去，没'村超'还不做生意了？"卡车司机杨永利是本村铁杆啦啦队员，听到这个问题时疑惑地瞪大了眼睛："热度没了，还不踢球了？"朴素又真诚的回答让我们看到，当红火的乡村体育赛事落下帷幕，当地老百姓对体育和生活那份真挚的热爱仍在继续。体育搭台，乡土文化和烟火气息在此汇聚，传统的"送文化下乡"正在变为"育文化在乡"。乡村肥沃的土壤不仅能产出一饭一蔬，更能滋养活力满满的特色文化、哺育乡村振兴的精神力量。

这正是：

村超落幕，文化生活不止步。

各地尝鲜，乡村振兴思路宽。

（文｜苏滨)

194

最近，不少茶饮品牌纷纷推出联名款。从与奢侈品品牌合作，杯垫、徽章等周边产品售卖形成溢价，到和白酒品牌牵手，创造单品单日销售额超亿元的纪录，再到与知名歌手早期发行专辑联动，产品在多家门店"爆单"……多种多样的跨界联名活动，形成很高的话题度和讨论度。

跨界是两个品牌利用优势资源、融合双方元素，共同推出新产品的一种合作方式。纵观时下热门的茶饮品牌，有的选择同行业联名，与零食、点心品牌合作，搭配销售、优势互补，打造一份更为精致的下午茶或伴手礼；有的则选择跨行业联名，从电影老片到经典游戏，从外卖平台到文博场馆，形成意料之外的跨界混搭。有媒体统计，截至9月15日，16个茶饮品牌今年已联名逾百次，相当于每3天就有一个品牌发起联名。联名合作如火如荼，推动相关产品热销，打造出更加活泼生动的品牌形象。

195

上班点杯咖啡，下班买杯奶茶，新茶饮已逐渐成为很多人日常生活工作中不可或缺的一部分。但新茶饮品牌不断崛起，消费市场不断延伸，竞争也趋于白热化。拼价格，价格下降幅度是有限的；拼品质，茶饮技术门槛有限，工艺易于模仿；拼新品，大家只能在热饮冷饮、奶茶冰沙等有限品类中创新，容易走入同质化竞争。从这个意义上说，跨界联名拓宽了产品的想象空间，走出了一条茶饮品牌的差异化发展道路。

联名打造更多创意。与什么品牌合作，如何在饮品、包装、周边产品等方面进行突破，考验着企业的创新力和对市场的判断力。时下，咖啡与美酒，奶茶与电竞，看似风马牛不相及的内容相互碰撞，跨界混搭步子越迈越大。它为形成审美疲劳的消费者带来了新鲜感和反差感，为喜欢尝新消费的人群带来全新选择。跨界比拼的是创意，考验的是想法。只要找准结合点，就能让原不相干的元素成为产品的新卖点，成为品牌形象的新亮点。从这个意义上，有人甚至说：跨界没有边界。尽管有些夸张，却也有值得思考的地方。

联名提供一种情感。传统茶饮品牌往往只通过饮品与消费者建立连接，而跨界联名提供了更丰富的互动体验。瓶身、提袋的卡通 IP，让很多人表示被"萌化""治愈"；与经典影视作品联名打造宣传文案，引发一波"回忆杀"；与艺术家、博物馆合作，为产品增添几分格调与厚重。相关产品在满足味蕾的同时，更好调动其他感官，让人们喝出气氛、喝出回味。此外，商家通过开设主题店铺、买饮品送周边等玩法，吸引更多人群参与；加之网络宣传推波助澜，消费者在种草、点评、晒图中与品牌形成互动，一定程度上满足了社交需要，提供了几份糖、加冰去冰都无法带来的情绪价值。

联名挖掘两类资源。从本质上说，联名是商家对存量用户的唤醒和对增量用户的拓展。对于新茶饮品牌而言，始终选择同款产品的用户毕竟是少数。为避免存量顾客流失，必须在产品推陈出新上下足功夫，不断激发消费热情。在此基础上，不同品牌跨界混搭，还能打破用户边界。例如，茶饮与音乐联名，就能吸引音乐爱好者尝试饮品。通过联名实现用户资源共享，使原先分隔的圈层"破壁""破圈"，为双方品牌扩大声量，有助于实现 1+1 ＞ 2 的双赢。

时下，联名已成为最为热门的营销方式之一。也要看到，一些跨界昙花一现、创意雷同，一些品牌发生了偷卖赠品、黄牛倒卖等乱象，这对企业管理、品牌传播提出更高要求。更要看到，跨界联名不只是唯一的营销方式，同类创意的效果势必会发生边际效应递减。如果将跨界作为常态化营销策略，或将消耗用户的新鲜感，混搭难度也将越来越大，能否持续吸引用户也未可知。此外，随着新品"保鲜期"越来越短，不少跨界赚一波流量就过去了，联名款是否能造就经典款、跨界联动能否形成深度品牌记忆等问题，也应当引发企业的思考。

营销归根结底要与人打交道。为了吸引客户，品牌不能只盯着"销"，而要先做好"营"：营造品牌形象、经营特色产品，而不是造噱头、赚热钱，这是成就业绩的基本前提。对于跨界联名这一颇有潜力的商业形式而言，拓宽产品创新的边界固然重要，但也要守好产品质量的底线。从品质、外形到包装、理念，全方位练好内功，才能让产品既有"流量"又有"留量"，让品牌从"网红"走向"常红"，打造更加强大的品牌。

这正是：

创新本无界，品质当有根。

（文丨田卜拉）

197

你，有「潮人恐惧症」吗？

　　走在路上，遇到迎面而来的"潮人"，不自觉想回避；进入网红店，看到衣着时髦的柜哥柜姐，下意识想远离。在许多人赶潮流的当下，也有一些人，在潮人扎堆的地方感到难以适从、怯于与之为伍。

　　我们生活在一个潮流元素浓度很高的时代。国潮、日系工装、未来机能、美式街头……潮流派系林立，每种都能找到同好，每个人都可以发出自己的时尚宣言；街拍文化流行，大街小巷都是潮人秀场，潮流不只是小圈子内"自嗨"；"OOTD"充斥着社交网络、内容平台，潮牌在热门商圈加速布局，潮流人人触手可及。如今，人们经受着越来越广泛的潮流文化冲击。当那些曾经现于时尚杂志、电视荧屏上的潮流突破圈层壁垒，越来越高频地出现在日常生活中，带来的可能不只是审美上的冲撞，有时候还是融不进的无力、适应不了的尴尬。

　　互联网是一个热衷造词、玩梗的场域。无论是"潮人恐惧症"，还是此前我们聊过的"社交恐惧症"，在多数语境下，并非医学意义上的，只是精准地对应拥有某种共同情感体验的人群。有人曾这样概括"潮人恐惧症"：看到打扮得过于潮流的人会害怕，下意识想躲，并且还有点若有若无的尴尬，可能因为自己是永远走不上时尚前线的"土狗"吧。害怕眼神交流，避免主动搭话，保持社交距离，"潮人恐惧症"捕捉的正是这些不由自主的身体反应、无处安放的焦虑不适。这一称呼也令许多人对号入座、直呼"是我是我"。

"恐惧"从何而来，答案五花八门。"时尚霸凌"的阴影挥之不去；潮流的堆砌、元素的拼凑让人犯了尴尬；想要模仿改变却始终不得其法。时尚绝缘体和崇尚个性的弄潮儿并肩而立或许不会相形见绌，却总觉得格格不入。衣着前卫、打扮时尚，会不会个性张扬、不好相处？"潮人恐惧症"的背后，有对潮流文化的不解和反抗，也不乏偏见和刻板印象。因为这种"恐惧"，有人拒绝走进装潢前卫的店铺，害怕穿过街拍盛行的商区。

物随心转，境由心造。在多数情况下，"潮人恐惧症"看似关注他人，实则是向内地自我审视。素颜出街、打扮随意，会不会被轻视？大众着装、缺乏个性，会不会给人留下衣品不好、不懂时尚、老派落伍的印象？那些焦虑、不适，往往源于对他人目光的想象、关于自我形象的心理暗示，关注"别人会如何看我"，而非"我究竟是什么样"。从这个意义上，克服"潮人恐惧症"的良方，恐怕不是紧紧追随潮流。建构正确的自我认同，拒绝被定义，才能万般自在。

也不可否认，在"潮流是一种生活方式""衣品见人品"的时尚宣言和消费营销下，"视觉文化"正在越来越广泛地侵蚀我们的生活。《景观社会》一书提到，在这个视觉愈发成为主要感官、由无数图像与景观堆积而成的社会里，人们无时无刻不生活在"观看"与"被观看"的环境中。这种社会凝视的压迫感在闯入潮人聚集地时尤为凸显。

何为潮流，并无定于一尊的标准；如何着装，纯属个人自由。近些年，关于容貌焦虑、穿衣自由的讨论越来越多。当很多人在"潮人恐惧症"中对号入座，聚集在"土味穿搭践行者"小组戏谑"潮到风湿"，自嘲"土到极致"时，也在一点点拓展全社会的宽容度。"潮人恐惧症"无伤大体，但我们也期待，更多人在找回穿衣自由的同时，充盈着一份由内至外的穿衣自信。

年关已至，不少人踏上返乡之旅。每年的回家团聚，常常是潮人的"破功"时刻，因为家是一个可以卸下所有负担和包袱的地方。的确，真正的时尚，从来不是束缚。普通也好，潮流也罢，不妨各享其乐、各美其美。活出自己的精彩，何尝不是一种时尚！

200

这正是：

我即潮流，随心所爱。

一念放下，万般自在。

（文｜钟于）

风靡的城市漫步，质朴的生活哲学

最近这段时间，关于"Citywalk"（城市漫步）的概念悄然兴起。约上好友、漫步街头、走走逛逛，点杯咖啡、品尝美食、看看遛遛……有人觉得，这不就是饭后逛大街、没事压马路么？有什么值得新奇的？但也有不少人将其视为一种全新的旅游模式、时髦的生活方式。

在《出门遛个弯儿，寻找生活的滋味》中，我们捕捉到了"用脚步丈量城市"的"散步经济学"这一现象，发现越来越多年轻人在城市的"钢铁森林"里寻找安放心灵的地方，在繁忙的"现代生活"中努力调整呼吸的节奏。以往人们总说，"熟悉的地方没有景色"。但是，城市漫步的风靡恰恰是一种提醒，风景不只有人头攒动的热门景区，旅游也不一定就是"诗和远方"，心仪的景可能就在身边，入目的美可能就在平时。

城市漫步，少不了独一无二的"气质"。城市的肌理中，有人文的浪漫、自然的慷慨，也有拐角的惊喜、不期的相遇。古色古香的胡同深处，红砖绿瓦、青砖飞檐，百年前的古人有没有可能也在这个位置驻足回眸？梧桐树荫的幽静小道，落叶不扫、满目青翠，恍惚间让人忆起乡愁、泛起微澜。行走在一条条城市路线上，映入眼帘的，首先是热气腾腾的生活，其次才是五彩斑斓的腔调。恰恰是这种原汁原味与精巧雅致、自然风光与人文底蕴的交织，让越来越多的人乐在其中、流连忘返。

相比于周密翔实的旅游计划、争分夺秒地拍照打卡，城市漫步主打一个"随心所欲"，要的就是"洒脱"，求的就是"率性"。和"饭后百步走"不同，城市漫步的线路往往只是个大概，并不精确，更不固定。漫步者不用通宵做攻略，也无须提前查路线，要么"剪刀包袱锤"决定下条街的方向，要么"绿灯行、红灯拐"，只要漫无目的、随便走走，走到哪儿算哪儿、遇到啥看啥。挖到了"宝藏店铺"自然"开心到飞起"，倘若探新店"踩了雷"也不会暴跳如雷，出门嘛，图开心就好。事实证明，有一个好的心情，更容易发现中意的地方，更大概率发生有趣的故事。

何以漫步？以何漫步？看似寻常的问题背后，是城市发展的考量，是消费旅游的趋势，也是生活理念的嬗变。有报告指出，小众独特、自在松弛、未知惊喜、深度在地，正在成为2023年以来旅行消费的新趋势。对很多人来说，扎堆凑热闹挺好，遛弯儿压马路也不乏乐趣；工作已经足够心力交瘁，散心也理应足够简单干脆。越来越多人力所能及寻找生活、发现生活，从心所欲地营造生活、享受生活，如此一来，所到之处皆风景。当然了，再精致的追求、再美好的心情，也要触景生情、有感而发。倘若城市一片荒凉、生活一地鸡毛，那么所谓城市漫步，恐怕也就只是奢望。

值得注意的是，随着相关热度的攀升，一些城市漫步也在朝商业化方向作出探索，希望培育更大规模的市场。只不过，如果不再关注沿途的脚步、路上的风景，而是比拼走了多少路、拍了多少照、打卡了多少家店，又或者只探讨如何"凹姿势"、研究怎样"割韭菜"，那么这样的城市漫步最多只能算一门生意，很难成为一种社会现象、一种生活方式。城市漫步的前景或许犹未可知，但能确定的是，"生活在别处"不是唯一的选择。换个角度看，生活就在此处，就在眼前，就在当下，就在心里。

这正是：

随心而行，走走停停。

不期而遇，皆是风景。

（文 | 于石）

噪声扰民惹人烦，谁来保护咱们的「安静权」？

"人欲静而音不止"，可以说是每个人都遇到过的难题：午休时间小憩，结果犬吠裹挟着车辆警报声正中耳心；下班回家看剧，广场上的舞曲精准盖过每一句台词；周末带娃学习，隔壁工地上机器噪声震到全家头皮发麻……怎样守护咱们的"安静权"？

噪声污染是现代城市病的表征之一，类型多样，影响广泛。生态环境部发布的报告显示，2022年，全国生态环境信访投诉举报管理平台（网络渠道）接到的公众投诉举报中，噪声扰民问题占全部生态环境污染投诉举报的59.9%，排各环境污染要素的第一位。社会生活噪声、建筑施工噪声、交通运输噪声、工业噪声，声声入耳，已经成为公众集中反映的问题。

想静静，为啥有点难？随着我国经济社会发展、城镇化进程加快，美好生活需要各项基础设施建设来支撑，而在人口密度大的地方，市民活动丰富，节奏各异的日程表也会造成彼此影响，噪声防治面临较大的压力。与此同时，我们对生活品质的要求更高了，守护"安静权"的意识越来越强、需求越来越高。

噪声之害，不只让人心烦意乱，还与生活质量和健康息息相关。世卫组织发布的《噪音污染导致的疾病负担》指出，噪音危害已成为继空气污染之后的人类公共健康第二杀手。噪声会影响休息、触发疾病，已经不仅是经验之谈，也有实验依据——人长期在噪声中，会导致失眠、多梦，休息和睡眠质量变差，甚至引发或触发心脏病、神经性耳鸣、耳聋等疾病。治理噪声问题，可谓势在必行。

防治噪声污染、构建良好声环境，是城市治理的一项重要工作。实践证明，噪声污染的产生往往因为规划源头缺乏管控。有的地方，城市规划部门在确定土地用途、建设布局时，并没有将噪声污染防治纳入考量。"小区挨着大工厂""路修到哪，房盖到哪"等不够科学的规划，无疑会给生活工作在其中的居民带来烦恼。对此，2022年6月5日起正式施行的噪声污染防治法明确规定，应当依法进行环境影响评价，充分考虑城乡区域开发、改造和建设项目产生的噪声对周围生活环境的影响，合理划定建筑物与交通干线等的防噪声距离，促进噪声污染防治加强统筹规划、源头防控。

防治噪声污染是一项系统工程，既要"防"，也要"治"。一方面，涉及噪声防治的环保、交通运输、公安、城管等多个部门，应当进一步明确和细化各部门的噪声管理职责与处罚权限，守土有责、齐抓共管。另一方面，也可以借助科技的力量。创新降噪技术，如研发新型隔音建材、低音施工设备等，构建自动监测网络以更好监测噪声污染，凡此种种，都可以更好保护我们的"安静权"。

近日，《深圳市宁静城市建设规划（2023—2027年)》印发实施，成为全国首个为打造宁静城市而实施的建设规划，强调从源头控制增量，重点对噪声污染实行分类防控，引发较多关注和讨论。实际上，不仅是深圳，上海、重庆、广州、潍坊、平顶山、柳州等城市通过修订环境保护条例、文明行为促进条例等法律法规；福州、厦门、珠海等 17 个城市，印发了噪声污染防治法部分条款部门工作职责清单，明确了各部门噪声污染防治职责分工和执法责任。越来越多地方正在提升治理水准，补齐城市噪声污染治理短板，为市民创造更多幸福宁静的空间。

至于"想静静"的你我，也不能"自己想静就要听不见一分贝，自己想嗨就忘了全世界"。提升环境公德意识和环境保护素养，谅解正常时间段的正常工作生活声音，既防噪声也不主动制造噪声，做好自己、正确监督，才能让噪声远离、安宁常伴。

这正是：

环境静一静，幸福多一点。

换位想一想，美好多一点。

（文 | 刘静文）

206

黄桃荔枝午餐肉，豆豉鲮鱼茄汁豆，这些罐头你爱吗？

一段时间以来，无论在网络上还是生活中，议论罐头、采购罐头的人都多了起来。尤其是在疫情背景下，人们不免选择多备一些食物以作不时之需。当水果蔬菜面临时间"考验"，罐头这种曾经一度被人轻视的食品变得越来越受欢迎。

打开不同口味的罐头，便能打开一幅天南海北的物产地图。在日照充足、昼夜温差较大的新疆，汁水饱满的新鲜番茄被制成罐头，成为提味增香的重要补充。在以菌类丰富闻名的彩云之南，油鸡枞、牛肝菌被存进罐头中，开罐即食成就一顿好饭。浙江、湖南等地盛产柑橘罐头；福建、江西是竹笋罐头的主要产区；上海、四川等地出产的肉类罐头全国驰名；辽宁、广东靠海吃海，鱼类罐头令人难以忘怀……

从千百年前的地缸腌制，到200多年前的罐藏技术，再到100多年历史的罐头技术，人类的历史也是一部加工食物、保存食物的历史。在自然经济时代，自给自足、有饥有饱是生活常态。到了工业化时代，为了因应战场需要和长距离运输，食品加工产业应运而生，人类第一次吃上了"不带叶子的蔬菜"。凭借着密封的容器和严格的杀菌，罐头使食物能够更长期保存、更远运输，打破了什么地方产什么、什么季节吃什么的定式。这也意味着，罐头让食物冲破时间和空间的限制，不再需要"一骑红尘妃子笑"和"不辞长作岭南人"的大费周章，就可以开启一个享受各地新鲜食物的广阔世界。

说起中国罐头，一定要提到豆豉鲮鱼。这种小海鲜封装于 1893 年诞生在广州的一家罐头厂，不仅是百年不衰的食品传奇，更是中国引入罐头技术后的首次尝试。直到 20 世纪 80、90 年代，一个糖水罐头、一盒午餐肉仍然是待客送礼的稀罕物，逗弄着无数孩子的馋虫。随着罐头生产工艺不断改善，罐头食品逐渐由"奢侈品"变为餐桌"常客"。与此同时，膨化、冻干等食品次第出现，让罐头食品相形见绌；冷藏保鲜、冷链运输的发展，让生鲜食品触手可及；健康理念不断深入人心，罐头似乎成为"垃圾食品"……多重因素作用下，罐头食品失去了往日荣光。小小罐头，当大家都买得起了，很快又不想吃了。

有数据显示，中国年人均消费罐头 8 公斤，远低于欧洲人的 54 公斤和美国人的 90 公斤。所以一段时间里，支撑罐头产业的重要支柱是外销。新中国成立后，上海的梅林食品厂邀请捷克专家来华指导，生产出畅销至今的午餐肉，开启了一手对内供应、一手出口创汇的篇章。改革开放以后，鱼肉果蔬的种类、数量越发丰富，伴随着保鲜技术和物流交通的巨大发展，罐头产业进一步走上"向外看"的路子。作为全球最大的罐头生产国，中国芦笋罐头和橘子罐头的出口量分别占全世界的 70% 和 80%；一些罐头企业，建立起品类繁多的产品线。罐头"墙里开花墙外香"，成为中国商品打入世界的生动注脚。

有人质疑：罐头风靡海外，却唯独搞不定中国。事实上，近年来罐头在国内市场也获得了更多青睐。在"怀旧经济"作用下，罐头超越饱腹之需，成为一种习焉不察的文化。比如，在不少东北人的集体记忆中，黄桃罐头、橘子罐头是冬天里的必备，有些家庭时至今日仍然将之作为年货的座上宾，在大鱼大肉之外增添一番鲜美。更重要的是，随着工艺的改善，罐头食品在种类上早已不止于鱼类、水果，菜肉零食糕饼"没有做不到，只有想不到"；从口味上说，气调杀菌、微波杀菌等新技术，加热时间短，杀菌更高效，更好保留了食物的口感、营养和新鲜度。加之品牌意识的觉醒，不少新品类、老字号成为"网红"，重新俘获消费者的关注，正在助力罐头工业焕发"第二春"。

今时今日，不少人居家办公、罕少出门，罐头又一次成为吃得惯、存得住的好东西。也无怪乎有人说，作为闲时置、忙时用的居家良品，有罐头在手，便有了满满的安全感。也要看到，随着新鲜蔬菜水果供应链的不断成熟，罐头食品或许只能是庞大餐饮市场的一个点缀。但小小罐头里，蕴藏着历史的密码、经济的脉动，见证着国内市场、国际市场的互动。望向这几百毫升的锡皮小桶或玻璃小瓶，我们不仅能够看到足以果腹解馋的一餐，更应看到在人们的食谱中，罐头食品仍然在努力发挥着不可替代的作用。

这正是：

圆圆一罐头，方寸藏天地。

（文 ｜ 杨翘楚）

长江口二号古船，如何被「抓娃娃机」一把捞出？

这两天，长江口二号古船牵动着无数人的视线。2022年11月21日0时40分，历经4个多小时的水下持续提升，巨大沉箱装载着古船整体出水。2022年11月26下午1时30分，奋力轮"怀抱"沉箱古船驶入黄浦江，古船就此安顿在杨浦滨江上海船厂旧址1号船坞。一艘清代同治年间的木质古船，如何被整体打捞出水？未竟的旅程从何处来又去往何方？

2015年，在长江口崇明横沙水域开展水下考古调查时，这艘木质古船得以发现。经过7年的调查勘探，古船基本情况得以探明。由于受水流冲刷严重，古船正加速露出河床表面，亟须保护。2022年3月，长江口二号船考古与文物保护项目正式启动。经过不懈努力，满布藤壶的桅杆已清晰可见，横隔板如鱼骨呈现，积满泥沙，这颗跨越历史的"时空胶囊"重见天日。

透过几个数字，尤其能看出打捞工作的不易：

8800 吨。长江口二号古船是我国迄今水下考古发现体量最大的木质沉船，但出水总重高达 8800 吨仍让很多人想不通。事实上，8800 吨的重量里，约有 6000 多吨是泥沙。由于古沉船是木质沉船，船体仍深埋于 5.5 米深的淤泥中，结构非常脆弱。采用整体打捞方式，将古船沉没的河床区域整块挖出，是有效保护沉船的方式。将近万吨的重物打捞出水，难度可想而知。

77 天。不算前期考古调查，仅从主作业船到达水域，到古船整体打捞出水，经历了 77 天的奋战，古船最终在深夜出水。有人好奇：为何不能白天出水？打捞作业需要天时、地利、人和。无论白天黑夜，风平浪静才是打捞的好时机。自然，出水时刻只能是"天注定"，哪怕通宵作业也在所不惜。必须看到，跟田野考古相比，水下考古难度系数成倍增加。古船沉没在长江口江海交汇处，属于典型的浑水水域，能见度基本为零，打捞到一定程度，就需要派潜水员下水摸排进展。此外，古船船体巨大，文物众多，对打捞精度要求十分严苛，需要不时调整姿态，不容闪失。正是凭着工作人员的耐心与严谨，这项复杂工作才得以完成。

克服高难度，靠的是科技的精度和力度。如同海中揽月，长江口二号古船打捞，采用了一批世界先进的工艺、技术、设备。其中，弧形梁非接触文物整体迁移技术为世界首创。由 22 根巨型弧形梁一根根穿过海底、在水下拼装，最终构筑出长 48 米、宽 19 米、高 9 米的巨大沉箱，将古船拥抱在怀，被网友戏称为"抓娃娃机"。也有创造性设计并建造出的专用打捞工程船"奋力轮"，船中部开口，自带一个长 56 米、宽 20 米的月池，能直通海底，通过月池两侧 2000 多根钢绞线组成的液压同步提升系统，将沉箱从海底直接提升至月池，然后转运、卸载至船坞，被比喻为"袋鼠妈妈"。此外，核电弧形梁加

211

工工艺、隧道盾构掘进工艺、沉管隧道对接工艺等技术，也首次应用于文物保护和考古领域。

早在2007年，南海一号沉船被整体打捞出水时，"水下考古之父"乔治·巴斯就惊叹："这只能是在中国才发生的事情。"此次长江口二号古船出水的那一刻，让考古人再次感慨：大国重器，是古船归来的最大底气。如果没有这些年我国综合国力和科技水平的提升，就不会有巨大古船的成功出水。这一里程碑式事件，再次为世界水下考古贡献了中国技术、中国经验、中国方案。

古船出水，为研究开启了新的起点。从舱室内码放整齐的景德镇窑瓷器，到船体及周围出水的紫砂器、越南产水烟罐、木质水桶残件，再到水下调查时清理出的元代瓷器和豆青釉青花大瓶等大型整器，长江口二号古船已经出水完整或可修复的文物种类之多、数量之大，令人吃惊。船体和船用属具保存较好，船货丰富，大量船上生活物品展现了清代晚期商船航行与船上生活的生动画面，为研究中国近代经济贸易史、长江黄金水道航运史和近代海上丝绸之路提供了重要实物资料。这些已知文物仍只是冰山一角，更多宝藏还有待考古人员不断深入研究。

利用生物基因研究技术，用一颗稻壳验证古船"年龄"；用计算机模拟长江口水域"沧海桑田"，尝试解密古船沉没原因……在长江口二号古船的研究中，科技的作用不断显现。随着古船顺利入坞，古船弧形梁沉箱精准落座至预先浇筑的马鞍座上，长江口二号古船正式转入考古与保护的新阶段。科技不仅为沉船出水赋能，也将为破译历史提供新的方法。

从茫茫海底，经历了惊心动魄的历程，古船终于得享宁静。150多年前，它从何而来，要到何处去；它因何沉没，又浓缩了谁的生

212

活……一切有待文物"开口"说话。考古的魅力也在于此——尽管逝者如斯夫，总有一些文物，穿过岁月幸运地出现在今人面前。这是先人为我们留下的瑰宝，这是壮阔中华文明史的重要构件。在昔日老船坞变身的考古基地与博物馆中，科技终将为我们揭开古船的神秘面纱。

这正是：

百年古船水中寂，一朝出水天下知。

怀沙抱月穿江过，且看岁月总留痕。

（文 I 曹玲娟）

213

风

尚

北京冬奥会开幕前后，冰墩墩火了。在很多奥运特许商品店里，冰墩墩的摆件早已卖光下架。大年初五，很多人凌晨就来到北京王府井的特许商品旗舰店门口排队等候购买手办盲盒和毛绒玩具，但仍然有人"冻成冰墩墩，也没抢到冰墩墩"。已经抢到的人表示："有'墩'在手"真幸福。更多人感叹：实现"冰墩墩自由"太难了。

一"墩"难求，正是冰雪经济火爆的生动缩影。线上线下断货，玩偶摆件钥匙链全都买不到，商店临时限流并实行限购，无不体现出冬奥会吉祥物的超高人气。冰墩墩呆萌可爱的外形，酷似航天员的独特设计，本身就让人们爱不释手。而中国首次举办冬奥会作为一件极具纪念意义的大事，消费者为此争相购买收藏也属情理之中。加之"三亿人上冰雪"目标的实现，使得冰雪运动拥有更多受众，冬奥周边也获得更多青睐。当然，奥运会官方纪念品向来是稀缺资源，况且北京冬奥恰逢农历新年，春节假期工厂休假、供应不足的现实也客观上增加了这种稀缺性。

作为冬奥文化的传播者、中外对话的使者，冰墩墩不仅备受国人宠爱，而且还受到外国友人的追捧。在中国，人们将冰墩墩作为创作素材，通过图画、剪纸、摄影等各种方式频频"出镜"，为冬奥代言。与此同时，从日本记者开启"爆买"模式并在节目中热情介绍，到捷克运动员在 vlog 中"秀恩爱"，再到摩纳哥亲王请求工作人员再给一个好回家送给两个孩子交差，冰墩墩在国际场合的每一次亮相，都在向世界展现北京冬奥的周密筹备，向世人传递中国人热情好客的文化传统。

有网友关注到：从 1990 年北京亚运会的盼盼，到 2008 年北京奥运会的福娃晶晶，再到 2022 年北京冬奥会的冰墩墩，熊猫又一次成为吉祥物。的确，作为中国国宝，大熊猫可爱的外表在世界各地俘获了大批粉丝。此外，它也被寄予了多样的文化象征，比如，黑白两色符合阴阳之道，温和样态堪当"和平使者"，大熊猫逐渐成为国家形象的代言，成为文艺创作、对外传播的不尽源泉。作为最具识别度的文化形象，熊猫能够跨越语言代沟，直击人心。而创意团队的差异化设计，更让熊猫再次大放异彩。

近来，冰墩墩胖乎乎的身子被卡在门里、攥拳抖去身上的雪、冬奥会开幕式上开心溜溜滑等视频动图火遍全网，甚至登上热搜，不断强化大众对吉祥物的钟爱之情。实际上，从 1968 年格勒诺布尔的第一个冬奥会吉祥物至今，吉祥物逐渐化静为动，不再是一个单纯的卡通形象，而是以捕捉有趣场景、利用动画影视等方式呈现更符合受众关注的产品，并成为一个可供互动的拟人表达、彰显创意的奥运 IP。通过各种媒介进行二次传播，吉祥物也更加深入人心。

同样的中国熊猫，不同的中国故事。1990 年，在"亚洲雄风震天吼"的歌声中，熊猫盼盼走进千家万户，寄托了中国体育摘金夺银的盼望，更代表了对中国人民对和平与友谊的期盼。随着经济社会快速发展，中国日益成为世界瞩目的焦点，北京奥运会吉祥物共同喊出的"北京欢迎你"，正是展示中国、拥抱世界的凝练表达。而冰墩墩除了象征强壮健康的体质、敦厚和善的精神外，更以冰晶外壳、彩色光环彰显科技感与未来感，以熊猫角色凸显人与自然和谐共生的理念，向世人呈现更加自信、更加多彩的中国，连接起各国人民一起向未来的深刻认同。

从跟随嫦娥五号登陆月球，到陪伴中国探险者徒步远征"难抵极"，冰墩墩的脚步也在不断突破极限。我们期待，在获奖运动员的手中，在社交平台的界面上，在人们生活的日常，冰墩墩的陪伴成为奥林匹克历史上不可磨灭的印记。

这正是：

219

人见人爱熊猫，扮靓多彩冬奥。

（文丨田卜拉）

220　　寒冬将至，冲锋衣销售却热火朝天。刚刚过去的"双 11"，有电商平台的冲锋衣成交额同比增长 200%。某社交平台上，与"冲锋衣"有关的笔记达 148 万篇之多，"冲锋衣"相关话题总浏览量超 8 亿。难怪有网友感慨，街道上、地铁里、办公室内，"一抬头全是冲锋衣"。今天，我们就来聊一聊这个消费市场上的"新宠""顶流"。

冲锋衣，一般采用合成纤维等轻质面料，具备防风、防雨、透气等性能。这离不开材料科学的发展，也离不开创新发明的绗缝技术。冲锋衣作为一种功能性服装，最早是在登山者、远足者中流行。1960年，《人民日报》头版曾刊登一篇通讯，报道我国登山队员登顶珠峰后成功回撤大本营，文中提到"登山队员们穿着天蓝色的高山'冲锋衣裤'，背着草绿色的高山背包"。那时，冲锋衣因其优良的性能，被用作专业的登山设备，尚未进入普通人的日常生活。

本世纪初，一些国外户外品牌在中国开了专柜，国内的冲锋衣品牌也陆续出现，推动冲锋衣逐渐进入到国内消费者的视野。就性能来说，冲锋衣可谓"六边形战士"，契合了很多人对"实用"的追求。冲锋衣样式百搭、防风防水、耐磨耐脏，通过拆装内胆，人们还可以"一衣多穿"，让冲锋衣的使用能跨越多个季节。但另一方面，冲锋衣又因其鲜艳的颜色和标准化的剪裁，常被吐槽"丑""土"。那时，恐怕谁都不会想到一些年后，冲锋衣会在社交媒体上收获一个荣誉称号："男性最好的医美"。

对很多男性同胞来说，不管是出门在外，还是上班打卡，可以不刻意追求穿衣打扮，但也要在有限的范围里做到"悦人悦己"。当一件既不臃肿又好打理的冲锋衣摆在面前，谁又能拒绝这份"纤细"与"优雅"呢？厚实的衣摆，挡住了微微发福的肚腩；结实的连帽，为与寒风"斗智斗勇"的发际线挽尊；纵然身处行色匆匆的写字楼、眼前是堆积成山的文件夹，但披上冲锋衣，仿佛随时就有说走就走的心情、一往无前的勇气……所谓进可攻、退可守，让冲锋衣成为仅次于格子衫和双肩包的"男人好物"。"一件在手，天下我有"的说法或许夸张，但"步行道上最靓的仔""办公室里最野的心"，绝对不遑多让。

冲锋衣成为帅气、酷炫的符号，折射出时尚潮流的变迁。就如同编织袋也能进入时尚秀场，无论是洞洞鞋、雪地靴，还是羽绒服、冲锋衣，在时尚行业里，一些原本不属于大众审美的单品也有机会成为潮流。时尚与否，是美丽与否的结果，也是接受与否的结果。这几年，露营、骑行、Citywalk 等户外运动受到年轻人追捧。在社交媒体的带动作用下，潮流界也兴起了"山系"风、"机能"风，冲锋衣俨然就是这种潮流风潮的一部分。当人们用冲锋衣标识自我，表达个性，实际上也在作出自己的消费选择。新的选择一旦沉淀下来，就能形成塑造审美的力量。

年轻消费者的时尚偏好，碰撞出了一个更大的冲锋衣市场。仅在浙江台州三门县，就有冲锋衣生产企业 300 多家，年产量约 6000 万件，国内厂家的生产能力可见一斑。只不过，相比国际知名品牌，国内冲锋衣产品在品质、性能上还有待提高。从这个意义上来说，冲锋衣的小故事，其实也是中国消费转型升级的大故事。人们对服饰更实用、更时尚的期待，让冲锋衣从专业登山装备"飞入寻常百姓家"，也必将倒逼行业转型升级，蹚出一条新路。

这正是：

一衣多穿，四季皆美。

高矮胖瘦，人人可穿。

（文 l 孟繁哲）

熊童子、千兔耳、蝴蝶之舞、吉娃莲、生石花、花叶寒月夜、霜之朝……这些繁复多样的名字，都指向同一个物种——多肉植物。

多肉植物，也叫多浆植物、肉质植物，其实多肉并非植物学意义上的门类，而是对于茎叶根具有发达薄壁组织用以贮藏水分、外形上肥厚多汁的植物的统称。多肉植物家族庞大、种类繁多，目前全世界已知的多肉超过 1 万种，涵盖景天科、大戟科、番杏科、百合科、龙舌兰科、仙人掌科等 100 余科。

多肉植物的热潮可以说由来已久。曾经，不少国内的爱好者和商家从欧美、日韩等国家带回多肉植物。"桃之卵""夕颜""银波锦"等意译自日文，"亚美奶酪""秀妍"则来自韩文……直至今日，不少多肉的名字仍折射出植物和文化一同输入的过程。再后来，各式各样的多肉被大量引进、种植，除了在植物园、温室里可见的大型奇观，也有越来越多多肉盆栽进驻寻常百姓家。

　　多肉的走红，某种意义上也是搭上了"可爱经济"的快车。饱满多汁、呆萌可爱的外表，使其超越科学与实用意义的特性充分展露。据相关统计，多肉植物的消费者中，20—35岁的年轻人占据8成以上，女性占据6成以上。多肉品类众多，单头也好多头也罢，独苗也行拼盘也可，总有一款适合你。再加上多肉植物比其他园艺花卉皮实好养、观赏期长、病虫害少，可谓是"萌而不娇"，更让很多"植物杀手"放心入手。多肉的植物学属性还为其赋予了社交属性，除了一般意义上围绕兴趣爱好而组建交流社群外，因为叶插是多肉植物繁殖的常见方法，这也使得"交换叶片"成为"肉友"们独特的社交方式。

　　除了传统的售卖种养，如今还衍生出"直播拍卖""云寄养"等新生形态。前者打破了一般意义上种植者和销售者的分工，而后者则是延长了产业链，创造了一种新业态。还有不少传统的网店卖家把多肉也装进"盲盒"，增加购买多肉的趣味性。在电商和直播的加持下，多肉市场更上层楼，越发繁荣起来。

　　随着多肉的流行，消费市场也在不断扩大。与市场热度高企相伴的，还有消费的不断分化。小而美的品种，7厘米、5厘米甚至3厘米的都有，在市场、路边都随处可见，价格低廉、色彩丰富；而大型多肉和各种造型古怪的稀有多肉则走的是高端路线，价格动辄数千上万。不仅如此，多肉除了种植、销售的传统行业，还带起了手作花盆、联名花盆的相关产业，掀起了多肉主题的展陈、旅游、咖啡店和周边的热潮。可以说，多肉已经走出了传统的园艺圈，成为一个新的跨界热门"IP"。

　　只不过，多肉虽好，也需谨慎。种养可以，收藏也可，但如果变成了炒作，最后可能就只能泡沫破碎了。而且，植物慰心，也不用跟风，找到心头所好才更重要。前有百搭且环保的绿萝，后有以"INS

风"闻名的龟背竹、琴叶榕、尤加利，现在还有侘寂味满满的马醉木、蔷薇果和潮流人士最爱的"块根类植物"……没有哪一款植物能够永远流行，但始终有火热的网红植物。多肉植物，本质上说只是广阔生活中的一角。盲目追风炒作大可不必，守住眼前绿意和心中宁静才是本义。

眼下，正是大多数多肉的开花期，也是春和景明、惠风和畅的好时节。在室内赏一番多肉，去室外看一片绿植，岂不美哉？

这正是：

何以消愁，唯有多肉？

四时明媚，携手共游。

（文｜周珊珊）

225

火出圈的野餐露营，安排一下？

清明之后，春天的脚步加快了不少。最近，伴随各地气温回升、天气晴好，人们踏青出游的热情持续高涨，催生了一波露营野餐的热潮。从露营短视频"占领"朋友圈，到露营装备热销，再到郊野公园露营区"一位难求"……火出圈的露营野餐，带来不一样的"春天打开方式"，也带来了可观的消费潜力和商机。

作为一种休闲方式，露营野餐听起来并不新鲜，但真正成为一项产业并持续火爆，也就是最近几年的事情。究竟有多火？数据可见一斑。一份报告显示，2014 年到 2021 年，国内露营营地市场规模从 77.1 亿元猛增至 299 亿元，预计 2022 年仍将保持高速增长。这种高歌猛进、快速扩张的势头，体现在敏感的微观市场上更为直接。不论是某购物平台上大型帐篷、天幕、折叠桌椅等露营装备成交额同比增长超两倍，还是出行平台上的露营产品预订火热，预订量环比增长120%，抑或是"营地＋景区""营地＋田园""营地＋研学"等多种模式改变着传统露营"风餐露宿"的印象，这些无不提醒我们：一个颇具体量和潜力的产业正在加速崛起。

叫上三五好友，寻找一处树荫，支起几顶帐篷，或许没有"流觞曲水"的雅致，但也可以"偷得浮生半日闲"。相较于远途旅游和周边游，露营野餐不用长途跋涉，也无需太高成本，便能在亲近自然中放松身心。而且各种高颜值、浓浓文艺范的露营照片自带社交属性，显然要比一般的游客照更能凸显年轻化、个性化的审美和风格。正因如此，露营日益受到年轻人青睐，成为不少人精致生活的标配。疫情暴发之后，"2020年为露营元年"的说法不胫而走。当"诗和远方"暂时搁浅在带星号的行程码上，城市近郊的露营活动也就成了人们逃离喧嚣的热门选择。由此来看，在常态化疫情防控背景下，适应年轻人消费观念和需求的露营走红也就不难理解。

对一些人来说，露营野餐并非疫情之下的短期或折中选择。"仓廪实而去野餐""住高楼而露其营"，某种层面上也是社会发展进步的副产品。在物资相对匮乏的时代，许多人在日复一日的劳动中为了吃饱饭、穿暖衣而努力，巴不得天天都有活干、有事做，"闲不下来"成为不少长辈的共同特点，露营野餐一类的"闲情逸致"便无从谈起。有人说现代文明最大的成果之一，是将人从高强度的劳动中解放了出来。的确，在"人均可支配闲暇"不断增长的当下，工作不再是全部主题，生活需要节奏感、仪式感，也需要可以肆意发呆的空白感。或是户外探险，或是露营野餐，折射的正是生活方式的多元、生活观念的蝶变。

露营追求的是放松身心、享受闲暇，但让人既舒心又省心地"安营扎寨"，恐怕也没那么简单。现实中很多人兴致勃勃带着帐篷直奔公园，却被"不得践踏草坪"的标语劝退；好不容易找到一处郊野公

227

园，也要面临全员堵车、找位难等挑战。与一些国家成熟的户外市场以及 10%的常态露营人口相比，我国的露营行业仍有广阔的发展空间。适应不断释放的消费潜力、满足消费者的新期待，有必要在加大场地供给、完善配套设施、丰富露营产品等方面下更大力气。值得注意的是，国家体育总局印发的《"十四五"体育发展规划》中多处提及"户外"，其中包含鼓励社会力量参与建设 1 万个户外运动营地，积极推动可利用的水域、空域、森林、草原等自然资源向户外运动开放等内容。政策规划筑牢发展基石、市场不断成熟壮大，人们能够惬意地拥抱自然的美好生活正在加速走来。

这正是：

帐篷撑起闲暇，不负明媚春光。

（文丨沈若冲）

刚刚过去不久的"五一"假期里，野外露营的休闲方式可谓风靡一时，帐篷吊床折叠椅等装备也随之走俏。公园里、小河边、山脚下……很多人在鸟语花香、惠风和畅中流连忘返、自在逍遥。然而，"半个朋友圈都在露营"的热闹中，一种"进阶"玩法也悄然兴起——房车以其更加时尚、更为优越的深度体验，正吸引着越来越多人的眼光。

"开上一辆车，带上心爱的人，草原、戈壁、海边、山野，哪里都是风景，哪里都有家。"这是不少房车爱好者的心声。对很多车主而言，房车就像推开了一个新世界的大门，意味着可以享受生活的另一种样子。在这里，没有辗转反侧的失眠，有的是晚上伴着虫鸣入睡、早晨听着鸟鸣苏醒的惬意。没有满腹的心事、满脑的压力，因为打开天窗就能拥抱满天的繁星。也不必担忧风吹雨打，停车挡一拉、帘子一拽，所有的窸窸窣窣都是悦耳的伴奏……相比"只吃一顿野餐"的一次性、拍照式露营，房车具备更强的保障能力、更多的玩法可能、更高的出行质量，不仅拓宽了距离的半径，也延伸了出游的意义。不管是旷野征途还是周边小逛，一辆乘兴而行、蓄势待发的房车就意味着一个流动的家，让"吃住行一条龙""走到哪儿玩到哪儿"成为可能。

只不过，再理想的生活，也要面对柴米油盐的琐碎。再美好的远方，也得查查胎压胎温、看看表显里程。决定一趟房车之旅质量高低的因素，比想象中要多得多。从驾驶规范上来说，不管是自行式房车还是拖挂式房车，合法合规上路可能只是整个旅途的第一步，道路限高、限宽往往会成为意外的"拦路虎"。如果说停车难向来是车主的难言之隐，那么对房车车主来说就是难上加难。即便专门的房车露营地有所增多，但其中不少也只是"看起来很美"，并不相称的配套和服务让行驶中的房车"根本停不下来"，很难选到一个心仪的落脚处。更何况，充电、引水、排水、做饭等，生活中的问题一个都少不了。纵然可以随走随停，但要想随心所欲，房车恐怕很难实现。

好在对于房车热度的升温，市场正在作出反应。一方面，部分车企瞄准了这一乘用车新蓝海，争相布局房车生产销售的同时，还针对年轻人研发更加多样化、个性化的产品。另一方面，一些露营地开始朝着专业化、人性化方向改进，不仅提供房车停靠等基本服务，还在休闲娱乐、康养游学等方面提供增值项目。事实上，一辆质量可靠、功能完备、体验舒适的房车，只是解决了户外旅居生活的入口问题，至于入门之后质量高不高、效果好不好，很大程度上有赖于从交通路网到营地建设的发展状况。所谓旅途，从来就不只是从起点到终点的线性运动，那些流动的时光、那种行走的状态、那些真切的见闻，也同样重要。

　　房车的利弊有目共睹，选择与否还是要因人而异。除了价格高不高、有无性价比之类的现实因素，生活观念和人生规划或许才是"房车是否是刚需"的关键所在。有人认为"世之奇伟、瑰怪、非常之观，常在于险远，而人之所罕至焉"，美好在远方、风景在沿途、人生在路上，那么房车就是"说走就走"的不二之选。但对另一部分人来说，"熟悉的地方也有景色"，楼下溜达溜达每次都有不一样的惊喜，有美丽的心情遍地都是美丽的风景，那么就没有必要费时费力、费钱费油。更现实的考量是，买了房车，可是否有时间真正"在路上"？毕竟，选择适合自己的生活方式，才是最好的。

　　这正是：

　　行驶的是车，奔波的是人。

　　流动的是家，寻觅的是心。

（文 | 于石）　231

"背景很假？"不，是乡村太真！

最近，一个在新疆直播卖蜂蜜的小伙子火了。短视频里，身后是像油画一样安静的山川河流、碧水蓝天，小伙子黝黑的形象与美丽的景色放在一起，显得格外突兀。网友们纷纷打趣："你这背景太假了！"为了"自证清白"，主播使出浑身解数：下河玩起了"打水漂"，找来友情客串的小伙伴当起"工具人"，还牵出了自己的"工具马"

一来一回，互动还在继续。有网友把他 P 进了跳舞的视频中，整齐划一的步伐堪称天衣无缝；有网友把他 P 到足球场中，踢球射门的一脚竟然有点帅；还有的网友已经不满足于日常的场景，火山、海底、宇宙，甚至二次元虚拟游戏和动画片里，都能看到主播奔跑且毫不违和的身影……与众多二次创作相呼应的是，直播账号的粉丝水涨船高，各个平台的相关视频点击量跃升至几百万，直播间里售卖的当地优质蜂蜜也很快卖断了货。

这并非是第一个被流量击中的乡村短视频博主。近年来，随着乡村振兴战略持续推进，直播和短视频平台快速兴起，不少镜头对准"绿树村边合，青山郭外斜"的乡间美景，复刻"晨兴理荒秽，带月荷锄归"的乡间劳作，重现"开轩面场圃，把酒话桑麻"的乡土人情。从乡村美食达人到乡村生活行家，越来越多的乡村短视频博主找到了"流量密码"，通过及时性的、非线性的、随意性的呈现方式，记录闲适、自在、慢节奏的乡村生活，在重塑"数字原住民"乡土印象的同时，也唤醒了部分"他乡远行客"的集体回忆。

"乡愁是一棵没有年轮的树，永不老去。""假背景男孩"在经历了创业失败后来到新疆尉犁县，被这里的秀美风光与乡土人情所治愈。同样，短视频中所呈现的"向往的生活"，也治愈了屏幕前你我的焦虑与怅望。有人说，"通过熟悉一个小村落的生活，我们犹如在显微镜下看到了整个中国的缩影。"古典唯美也好，朴素真实也罢，作为记录和书写农村社会转型与农民心灵嬗变的重要媒介，乡村短视频的意义远不限于田园牧歌的浪漫、岁月静好的抚慰、空中楼阁的想象，而且彰显着悠久传承的生活美学与乡村美学，不仅提供了一个了解农村、展示农村的窗口，也为乡村资源的整合与利用开辟了新路径。

当前，数字乡村是乡村振兴的战略方向，也是建设数字中国的重要内容。2022 年 5 月，中办、国办印发的《乡村建设行动实施方案》指出，要推进数字技术与农村生产生活深度融合，持续开展数字乡村试点。令人"上头"的短视频，连接农产品和市场，连接乡村与城市，更发挥着连接数字经济与乡村产业的关键作用。数字时代，短视频平台正逐步成为促进乡村发展的"新农具"，流量则转化为助力乡村增收的"新农资"。在新疆尉犁县，通过"假背景男孩"等人的直播带货，罗布麻蜂蜜单品销量名列全平台第一；从全国的数据来看，

233

2014 年至 2021 年，我国农村网络零售额从 0.18 万亿元增长到 2.05 万亿元；有直播平台数据显示，2021 年乡村短视频创作者中 54% 为返乡创业青年，乡村短视频总获赞量达 129 亿次，创作者收入同比增长 15 倍。

如火如荼的乡村短视频浪潮，让农村更有看头、农民尝到甜头、农业充满盼头。但也要看到，生机勃勃与良莠不齐并存，大量创作者的涌入不可避免会带来内容的同质化，甚至会为博取眼球、骗取流量恶意制造各类伪乡村和猎奇乡村。"流量就像是一阵风，有风我能轻松点，风过去了我还是会坚持走自己的路，我就希望大家暂时忘掉我，我好继续安心带货。"面对突然的走红，小伙子的回应十分清醒，也让网线另一头那些害怕假、渴望真的网友们长长地舒了一口气。数字时代，唯有与时俱进的形态、全面规范的业态，才能拒绝野蛮生长的枝蔓，将乡村短视频博主的个人发展与乡村发展纳入协同进步的路径，吸引更多人才扎根山乡，成为乡村全面振兴的一股关键力量。

这正是：

一方屏幕零距离，"播"出山乡新天地。

大好风光美如画，我这背景真不假！

（文 I 曹怡晴）

234

小小一块智能手表，仿佛对我们的生活作息无所不知，抬起手腕的这一刻就能看到：我的心跳是 64 次 / 分钟，昨天一共走了 8254 步，睡眠时间 6 小时 46 分，中途醒来 2 次。此外，从考试复习、工作时间，到阅读书籍、戒糖戒烟，再到日常记账、年度花销，各种应用帮助我们统计日常点滴，生活中一切仿佛都能被量化。

量化生活，指的是通过研究分析数据指标，追踪记录个体行为，实现个人生活的数字化。在一家网络平台的"量化生活"小组中，有超过 22000 名活跃用户，分享着自己的故事。他们量化身体，监测健康状况，记录运动表现；他们量化时间，培养学习习惯，提高工作效率；他们甚至量化情感，直面内心需求，摆脱亲密关系中的精神内耗。量化生活是一种自我监督与管理，也可以成为彼此互动与交流的窗口。在数字时代，打卡运动健身、分享飞行轨迹、记录阅读书目，让人们分享生活、表达自我，进而与趣味相投者建立联系，满足社交需求。

事实上，量化生活并非新鲜事。曾国藩在日记中，经常写下每天看书和练字的数量；本杰明·富兰克林也喜欢用图表和便条记录自己如何分配时间。但量化生活成为习惯、成为根深蒂固的思维，却得益于工业时代与科技革命的浪潮，归因于数学工具对很多领域的重塑。时至今日，随着智能手机和可穿戴设备的普及，量化生活不再需要烦琐的统计，不用求诸专业的设备，就可以随时随地获取相关数据。正如歌曲《数字人生》所唱："凭号码来认识 / 你的 IQ/ 你的身家 / 你的体魄 / 你的一切！"

在快节奏的现代社会中，提升效率与竞争优势紧密相关，"参数优化"成为个体的重要追求。人们往往希望用最小的成本获取最大的收益。从这个意义上说，目标导向的量化促进了资源的精细管理，有助于人们高效科学地掌控生活，通过标准坐标轴检视自我、提升自我，打造更加自律的人生。

有趣的是，当手环里的体脂数据出现波动，我们会紧张；当时间管理应用中设定的目标没达成，我们会挫败；当朋友展示的健身强度远超自己，我们会气馁。跟自己比，跟他人比，量化生活也可能带来巨大的精神压力。要看到，生活本不是竞赛。每个人的天赋和处境不尽相同。过度地自我量化，就可能抹杀个体差异，夸大理想状况，制造额外焦虑，只看得见数字的加减乘除，却忽视了生活的五颜六色。

此外，尽管认识"量"是把握"质"的重要方式，但数据不是万能的。正如学术研究中，搭建不同的模型、统计不同的数据可能造成截然不同的结果，量化生活的结果也不可尽信。比如，减肥只减摄入食品的热量，就容易忽视身体代谢速率；工作只计算加班时间多少，就可能忽视干活效率高低。更何况现实中，挑动人们脆弱神经的不少数据，来源并不可靠。有研究发现，可穿戴设备测量跑步时的卡路里燃烧值，误差可能达到40%；有的"一天三万步"，其实是"刷步神器"摇晃了一天的结果。此外还有一些热门的心理测试、情感量表，仅仅是商家制造的噱头，缺乏科学依据。

人类追求纯粹理性，但现实中的个体往往无法超越肉身，成为自己生活的无情旁观者。计算的，是睡觉心跳的频率，享受的，却是周末一觉酣眠至午；标注的，是年度阅读的书目，高兴的，却是一本闲书翻到晨曦在树；点亮的，是天南海北的城市，难忘的，却是田野上的"草色遥看近却无"……人是具有独特体验与丰富境遇的生命。数据维度再复杂，也不意味着数据对人的反映是完整的；技术评估再全面，也不意味着可以完全体察生活的琐细和精神的幽微。当"万物都可数据化"的声浪甚嚣尘上，也要保持一种清醒，莫让工具理性凌驾于价值理性之上。

237

借力于精确计算的"科技与狠活"，马拉松名将基普乔格曾以1小时59分40秒的成绩突破历史。这一成绩未被官方认可，一个重要原因就在于外界干预较多，无法完全展示个人的极限。这也启示我们：技术只是供我们行走的路，却不是我们的终点。吃饭带秤，莫忘了品味食材的滋味；跑步戴表，莫忘了欣赏沿途的风景。量化不应被视为生活的解药或毒药。将数据作为手段而不是目的，学会在量化生活中寻求平衡，在数字时代中趋利避害，我们才能借助技术认识自己，主宰自己的幸福生活。

这正是：

恋爱要算分，吃饭还带秤。

生活可量化，莫忘做平衡。

（文｜孟繁哲）

当『想你的风』吹遍大江南北……

有人说，熟悉的地方没有景色。但是现如今，陌生的城市也有可能熟悉到没有景色。比如，从"我在××很想你"，到"想你的风还是吹到了××"，再到"我在××等你很久了"……所谓"网红路牌"纵然相隔万里，也是大同小异。从最初的"惊鸿一瞥""排队合影"，到现在的"不胜其烦""躲之不及"，这到底是"浪漫不渝"，还是"土得掉渣"？

与普通道路名牌相比，网红路牌远远望去并无二致，走近了才能瞧见端倪。或是蓝底白字，或是汉英混杂，并不复杂的牌面上，写满了"煞费苦心"的话语。如果说"今晚的月色"尚且算作东方国度的古典浪漫，那么"想你的风"简直就是直抒胸臆的现代表达，甚至于"想你"只能算作含蓄，"爱你"才勉强够直白。于是，不少人在一块块新奇的路牌下流连忘返，一厢情愿扎进了城市的温暖怀抱。

在喜欢的人眼里，东西南北似乎并不重要。出门在外，什么最宝贵？当然是随遇而安的心情。从这个角度来说，网红路牌所击中的，恰恰是很多人"到此一游"的打卡心理。美不美不在乎，关键要能"出片"；好不好也没关系，只要显得"独特"。毕竟，玩的就是一个"别具一格"，求的就是一个"出其不意"。只不过，当越来越多的同款路牌跟风林立，"物以稀为贵"的滤镜自然也就越来越淡。你在千年古城，我在塞外沙丘，他在繁华闹市，咱们吹的都是一样的"想你的风"。这么一想，好像确实有点无聊。

游人眼里的"指南针"，往往也是商家心里的"小九九"。以前是，"走的人多了，就成了路"。今天，在网红经济的加持下，"路牌立起来了，渐渐也就有了人"。文案很土？表达很尬？字句很油腻？在一门好生意面前，这些统统不需要考虑。打开电商平台，有商家在产品页面直言不讳，"这就是引流神器"。几百元的投入，就能收获成千上万的人流客流，简直稳赚不赔。这也就能解释，为什么网红路牌的口碑下滑，反而数量攀升；为什么千篇一律的套路雷同，依旧铺天盖地。

239

浪漫还是土味的选择，或许因人而异。但是，路牌的设置与命名，绝不能随心所欲。严格来说，道路标志是国家法定标志物，地名是社会基本公共信息，也是历史文化的重要载体。任何单位和个人都不得擅自设置、拆除、移动、涂改、遮挡、损毁地名标志。创意无极限，但表达有边界。浪漫也好，趣味也罢，都不能混淆公共信息，破坏命名规则，侵扰社会秩序。无论是出于城市风貌的考虑，还是关于商业经营的筹划，都必须有所为有所不为，尊重市场规律，服从现实逻辑。

说到底，网红路牌的走红与没落，是城市如何提升形象的治理问题，也是商家怎样做好生意的经营问题，还是景区如何塑造形象的文化问题。一个再浅显不过的道理是，没有哪个地方能靠网红闻名遐迩，没有哪门生意能靠路牌经久不衰。跟风的结果，大多也就是一阵风。留住脚步、留下钱包的秘诀，在买卖的诚意里，在城市的气质里，在文化的底蕴里。

寥寥数语、星罗路标，不过是点缀罢了。

这正是：

想你的风，今晚的月。

含蓄的美，奔放的爱。

（文 | 于石）

换上默认的昵称和头像，就能『大隐隐于网』？

　　大脑袋、捏着双肉萌萌的小爪子……一段时间以来，一个昵称为 momo 的粉色小恐龙头像屡见不鲜：TA 似乎无处不在、无所不言，在各大社交平台留下很多帖子和笔记。其实，momo 并非某个人，最初只是系统为新用户自动生成的默认昵称。随着算法推荐、"网络考古"越来越多闯入个人空间，一些习惯了"潜水"的网友索性换成默认昵称、使用默认头像，主动隐身以寻求一份隐秘感与安全感。

　　互联网是虚拟空间，然而这个耳熟能详的定义，正在被大数据算法挑战。随着社交网络的发展，各大 APP 相继推出"可能认识的人"功能。一条微博吐槽，一个社区问答，乃至评论过的帖子、点赞过的视频，都可能被即时推送给亲友、同事、同学等现实中的熟人。身处信息时代，有人需要在强关系圈中展现社交规范和期待下的"公我"形象，也需要在弱关系圈释放隐藏于"私我"中的表达欲。只不过，日趋强大的检索功能模糊了线上与线下的界限，社交媒体账号成为每个人不可分割的数字化身，循着蛛丝马迹顺藤摸瓜，就能找到那个不愿在虚拟世界中现出的"真身"。

互联网是有记忆的，独一无二的名字一经搜索，过往的"网络痕迹"便可能被扒出，有时甚至会遭遇"人肉搜索"等网络暴力。私域被侵入、留痕被曝光、隐私被窥探、表达被约束，适度隐藏成为一种新的需求。近年来，平台推出了朋友圈分组、关闭手机号查搜和一键创建隐私小号等功能，同质化的 momo 账号则规避了以身份标签为基础的算法推荐。网友们"更名换姓"，只求上网冲浪时能暂时躲开日常的社交、熟人的打量。

"大隐隐于市，小隐隐于 mo"。与现实身份"断连"的 momo，有着如同枯叶蝶一般的保护色：查找用户昵称，头像队列如同克隆人；搜索发言记录，弹出万千条粉色小恐龙的只言片语。这种做法，既不必担心被现实生活里的熟人轻易认出，也不必因某句评论被网友放大苛责而顾虑纠结，既获得了躲进人群喘口气的"树洞"空间，当然也就放弃了与其他网友建立进一步关系的可能。曾几何时，昵称和头像是彰显个性的重要元素。如若发现撞名了，还会浅浅生气一番。如今，从个性张扬的昵称到"复制粘贴"般的 momo，我们在日渐透明化的网络中寻求自洽。

同质化并不完全是抹除个性，看似千篇一律的 momo 背后各有各的精彩。然而，momo 的存在，也在一定程度上卸去了现实的规范，网络发声容易变得随性随意，不乏个别 momo 妄图肆意妄为。需要强调的是，互联网不是法外之地，momo 也不是包庇纵容违法言论的保护伞。事实上，伪装只是"表层匿名"，通过用户账号 ID 这张独一无二的"网络身份证"，已有 momo 因不当言论被追责。一些无辜躺枪的 momo 也反思，碰到有人顶着自己的头像和名字说蠢话、干坏事，比孙悟空遭遇六耳猕猴还闹心。

由此而言，momo 营造出的氛围有赖每一个 momo 共同守护。但从长远来看，在互联网空间，公域与私域如何共存、自由与规范的边界该怎样界定，是对我们所有人的共同挑战。

这正是：

网络不是法外之地，还需 momo 共同守护。

（文 | 戴林峰）

243

大城市和小县城：哪里都是生活，哪里都有远方

从"小县城"到"大城市"，是很多人的人生路径。但大城市，究竟是驿站还是归宿？小县城，又究竟是起点还是终点？不少人也要面临这样的人生选择。

大城市的绚丽多彩，为许多人尤其是年轻人编织了许多美丽的梦想。无数人争先恐后在这里抵达，又若有所思从这里出发。有人说大城市是待垦的富矿：有做题家永远想象不出的答案，有创业者难以掩饰的激情，有陌生人彼此接纳的宽容，好像一切都那么顺理成章，任何事都可以随心所欲。但也有人说，这里有梦想也有泡沫。一些天真烂漫的想法，在凹凸不平的现实中枯萎；曾经平地万丈的豪情，也在磕磕绊绊的棱角上磨平。比起遥不可及的存在，很多人更习惯去操心眼前的生活：明早的地铁能不能挤到一个座位？"薛定谔"的下班到底是几点几分？那个擦肩而过的身影还有没有可能重逢？就是在这样看似可控又不可控的节奏里，时间在流淌，青春在流逝，梦想在实

现，或者浅尝辄止。

相比于大城市的阴晴不定，小县城或许更能给人一种发自心底的归属感。朝夕相伴的家人，就算成家了也就是一脚油门的事。不多不少的朋友，完美证明了"六人交际理论"。至于总是被拿来比较的生活水准，有人在网上分享自己在县城里"月入过万"的故事：有主业副业通宵连轴转的辛劳，养家糊口的压力一点都不比大城市小；有洗碗工、传菜员、快递小哥、网络主播的转型，个人的成长履历上盖满了时代的印章；有工作安排满满当当、业余生活多姿多彩，既有满满的获得感也有深深的疲惫感……或许已经算生活无忧，但也总会偶生遗憾。最流行的商品来得总要比大城市稍晚一些，天马行空的想象很难与人诉说，志同道合的朋友总是可遇不可求。"曾梦想仗剑走天涯，看一看世界的繁华"的想法时不时作祟，让人怀疑眼前幸福的质量，向往触手可及或者遥不可及的远方。

245

我们常说，梦想有多大，舞台就有多大。然而事实上，梦想的直径和舞台的轮廓，可能并非那么重要。大城市也好，小县城也罢，一个人的梦想总能在合适的水土里播种、扎根、生长、凋零。无论落脚在哪，哪里都是生活，哪里都有远方，哪里都会缺憾。热闹非凡的步行街，换个角度看就是噪音绕梁的嫌恶设施；温情脉脉的老社区，摇身一变也是徒生烦恼的熟人社会。没有高人一等的选择，只有冷暖自知的体验。不管你是在外地打拼还是在家乡留守，或许唯一需要确认的答案，是值不值、能不能和好不好。这种因人而异的满足感，可能是银行卡里的数字，可能是另一半的温柔，可能是孩子的稚嫩，可能是老人的安详。但是无论如何，它都能带给你留下来、返回去的价值，附着着生下来、活下去的意义。

《平凡的世界》里有这么一句话："谁让你读了这么多书，又知道了双水村以外还有个大世界"；名人名言中也有一句经典不衰的鸡汤：
"世界上最宽阔的是海洋，比海洋更宽阔的是天空，比天空更宽阔的
是人的心灵"。以此观之，你来或者不来，大城市和小县城就在那里。
说到底，流动的是人，跳动的是心。

这正是：

花自盛开，蝴蝶自来。

（文 l 于石）

"锢炉担子补锅匠，剃头担子碾磨杠。修伞修鞋弹棉花，磨剪铲刀白铁匠……"多年来流传在江苏泰州兴化的一首打油诗，口口传诵着 72 个老行当的名称。锢炉匠、锡匠等行当已经成为历史名词，修笔、弹棉花等虽然尚未绝迹，也逐渐与现代生活空间拉开距离。

作为千百年来人们劳动沉淀的成果，老行当里流淌着传统文化的基因。传统技艺的形成与沿革，不在一朝一夕，需要铢积寸累的世代积累。《天工开物》《考工记》等古代典籍记载了纷繁多样的工艺门类，其中蕴含的不少技术原理，在当时引领时代之先，更为后来的技术飞跃奠定了历史根基。十番锣鼓、金陵折扇制作、龙泉青瓷烧制等传承至今的非遗技艺，时下成为地方文化的鲜明标识，也是人类文明的共同财富。

作为老百姓的日常生产生活方式，老行当里有中国人祖祖辈辈的集体记忆。从"磨剪子嘞戗菜刀"的吆喝声，到补锅镴碗钉秤的各色招牌，再到捏面人、写花鸟字、吹糖人的街头胜景，老行当曾是众多手艺人的生计所系、谋生之道，也为千家万户提供了必需的生活服务。当然，诸如物质匮乏年代的货郎担、卖布头，社会转型期的看相算命、江湖跌打师，这些职业未必蕴含诗情画意，甚至不乏民间社会的鱼龙混杂、前工业时代的因陋就简，但也真实记录了一个时代的社会风貌、几代人的生活图景。

正因为扎根生活，正因为饱经风霜，老行当总能给人以启迪。纪录片《消逝的老行当》里有一个片段，在金箔锻制工序中，经过两个打箔人6—8小时约3万多锤的捶打，才能成就灿烂的金箔。有网友感慨："这像极了我们的人生。"无论是千磨万砺中的坚韧、一针一线里的静气，还是修修补补的勤俭、择一行终一生的匠心，都凝结着中国人的生活智慧和朴素的人生哲理。从这个意义上说，职业因时而变，但其中的工匠精神、生活智慧永远不会过时。

随着技术迭代和生活场景更新，许多老手艺已无处可觅。望着风华已逝、渐行渐远的背影，许多人叹惋唏嘘。值得庆幸的是，作家潘伟从2000年开始，走访20多个省市、上百个乡村，考证了超过300个老行当，把照片文字集结成册；"80后"摄影师龚为拍摄十几万张图片，留下300多个老行当的故事，因此获得联合国教科文组织"人类贡献奖"。无论是用文字讲述匠人故事，还是用镜头定格技艺工序，他们的努力正是为了给后人保留一份历史印记和文化记忆。

老行当未必都是博物馆中的旧物。数字技术的发展和生活理念的创新，也让不少工艺精湛、具有表演性质的老行当焕发新活力。比如，山东临沂的柳编将传统手工艺与现代环保理念结合，开发出纸巾盒、宠物篮等新产品，受到年轻人欢迎。在短视频平台上，铜雕、铁画等精湛繁复的工序直观呈现，拉近了与新受众的距离。一些手艺人索性将"摊位"从街头巷尾搬上到线上云端，提供定制化服务。互联网为老行当拓展了生存空间，也倒逼他们在形式与内容上推陈出新，不断跟上时代的节拍。

随着电影的普及，拉洋片的趋于绝迹；随着网络资源愈发触手可及，播放露天电影的放映员越来越少。"俯仰之间，已为陈迹"，正是新陈代谢的规律。但谈起老行当，人们仍怀抱一份深情眷恋，这源于对赤诚生活的热爱，也饱含对历史文化的珍视。一个个老行当，折射寻常巷陌里的烟火人间，体味世相百态中的人情冷暖，承托"从前慢"的美好时光，更标记着人类文明发展的坚实脚步。无论是随风而逝，还是绽放新颜，都是文明进程中值得品读的厚重一页。

这正是：

渐行渐远老行当，当时只道是寻常。

柴米油盐皆故事，平凡岁月有文章。

（文 l 荣翌）

249

超 1400 万人通勤时间超 1 小时，如何让上班之路更畅通？

车难开、路途远、地铁挤，是不少城市上班族的通勤"心病"。近日发布的《2022 年度中国主要城市通勤监测报告》，选取国内 44 个轨道运行城市，用通勤时间、通勤空间、通勤交通三个方面的 9 项指标，呈现我国城市职住空间与通勤特征的变化情况。报告显示，76% 的通勤者 45 分钟以内可达工作场所，但也有超过 1400 万人单程通勤时长超过 60 分钟，通勤压力在多地普遍存在。

通勤，一般指从家中往返工作地点的过程。对上班族而言，通勤时长无疑是影响工作日幸福指数的重要因素。报告称，5 公里以内通勤比重反映就近职住、可以慢行通勤的人口占比，又称"幸福通勤"，是城市宜居性的重要测度。在去年的监测城市中，享受"幸福通勤"的比例勉强过半，不少人距离"幸福通勤"依然有一段路要走。此外，在北京、上海、广州、深圳、成都、杭州 6 个城市，近 80% 青年通勤时间在 45 分钟以内。挖掘青年人群的通勤特征、职住选择以及对住房保障的需求，有助于为青年发展型城市建设提供参考和启发。

不少超大型城市面临"通勤难""通勤时间过长"等挑战，与巨大的城市规模与多元的城市功能交融催生的"职住分离"现象密不可分。以北京为例，这座拥有超 1.6 万平方公里的大都会，面积约有 2.5 个上海、10 个厦门大，伦敦、巴黎等外国"大城市"与之相比更是显得小巧袖珍。与此同时，人才、产业等的加速集聚，让空间与交通在北京成为抢手资源，使得商业区、办公区与居住区背向发展。随之而来的"职"与"住"空间分离，一定程度上拉长了通勤的时间，也抬高了上下班往返奔波的成本。

谈到一些超大城市的交通困扰时，历史因素也是绕不开的。《2022 年度中国主要城市通勤监测报告》显示，北上广深 4 个城市中，深圳通勤时间超过 60 分钟的人所占比例为 12%，甚至低于城市规模更小的特大城市平均水平。某种意义上说，这正是后发城市的优势。相较于改革开放后崛起的城市，北京等"古都"在城市建设时需要考虑更多的复杂因素。从胡同、四合院为基底的老城肌理，到新中国成立后的"大院"格局，再到改革开放初期修路架桥的大刀阔斧……行走在北京的路上，市民处处都能邂逅不同形态的"历史遗产"，而这种多元并存的现状也让改善交通成为在存量里找增量的绣花功夫。

在人们越来越关注生活品质的当下，如何有效削减通勤压力、不断提升通勤效率和质量，城市还需要更多思考和行动。上海等城市大力发展高效便捷的轨道交通，通过在既有道路中开辟潮汐车道、持续不断打通交通堵点、采用更多数字技术提升出行智慧水平等方式缩短乘客出行时间。一些地方高度重视城市的科学规划并严格实施，让都市圈内交通便捷廉价、公共服务到位、职住适度平衡的"分中心"吸

251

纳更多人口。在不断探索实现城市发展、历史保护与宜居宜业动态平衡的过程中，"城市让生活更美好"的理念在越来越多发展细节中得到彰显。

从城市发展史看，高密度的居住环境与高强度的人际交往使得城市区别于乡村，能够拥有更低的交易成本。而这正是在前互联网时代，城市经济繁荣、产业兴旺的空间密码。在城镇化深入推进与数字经济发展方兴未艾的今天，如何让城市更好地服务于人，特别是为在这里打拼、立足的年轻人提供更有力的关怀与更舒心的环境，不仅影响着一座城市的吸引力和竞争力，更直接关乎一座城市的未来。

这正是：

通勤时长恼人心，城市本应为人营。

驰而不息缓拥堵，唯愿大路皆畅行。

（文｜闯山）

你上一次去报刊亭是什么时候？笔者每天上班都会路过两个报刊亭，但最近一次走进去还是一年多以前退公交卡的时候。现如今在绝大多数地方，人们见到报刊亭、使用报刊亭服务的频次越来越低，在一些城市报刊亭甚至已经难觅踪影。逐渐消逝的报刊亭，在不远的将来是否只能存在于人们的记忆中？

在网络和智能手机普及之前，看似不起眼的报刊亭，构成了城市文化的一道靓丽风景。那时，大街小巷每隔不远就能看到报刊亭的身影，学校和景点附近尤其密集。四五平方米的不大空间内，整齐地摆布着几十上百种报纸、杂志，一些报刊亭还售卖打火机、零食、矿泉水、地图等，可谓"麻雀虽小，五脏俱全"。对于很多上班族而言，从琳琅满目的报纸杂志中挑一份带走阅读是雷打不动的生活日常；不少中小学生每天放学回家，第一件事就是跑去学校附近的报刊亭，踮起脚看看喜欢的报纸杂志有没有到货。把时间的表针往回拨，报刊亭就像点缀在城市里的文化驿站，传播着天南海北的信息，滋养着人们的精神世界，承载着许多人的美好记忆。

时代的车轮滚滚向前，报刊亭却好像被落在了站台上。当绝大多数人习惯从网上获取各种信息，当数字阅读取代纸质阅读成为更加便捷、触手可及的学习方式，以售卖纸质报纸杂志为主要业务的报刊亭受到的影响自然不言而喻。私人报亭占道经营、违规经营和影响市容等管理争议，也对报刊亭产生了巨大冲击。数据的反映最为直观：2008—2012 年，全国仅邮政报刊亭就拆除了 1 万多个；邮政行业发展统计公报显示，2017—2021 年全国拥有邮政报刊亭总数每年都在以不少于 0.2 万处的速度减少。一定意义上说，报刊亭的式微是阅读习惯改变的结果，也与城市发展建设的进程息息相关。

生存的压力下，转型才有出路。早在 10 多年前，全国许多邮政报刊亭就安装了信息化终端设备，实现了缴费、购票、充值、充电等服务。在一些地方，报刊亭更是直接更名为"便民服务亭"。通过信息化改造升级，原本功能单一的卖报亭成为服务百姓、方便群众的综合性服务平台，在一段时间内取得了良好成效。从推出智能报刊朗读亭，到引入"城市书房"概念对报刊亭进行升级改造，近年来一些城市积极探索报刊亭的转型发展方向。但也要看到，许多报刊亭如今仍在靠卖饮料、旅游纪念品或电话充值卡来勉强维持经营。在城市建设飞速发展的互联网时代，重新找到自身的价值定位和生存之道，仍然是摆在报刊亭面前亟待突破的难题。

他山之石，可以攻玉。世界各地许多城市报刊亭经营者的思变求变，也许可资借鉴。在日本，多数"报刊亭"属于综合性商店，在售卖报纸杂志、食品、日用品的同时，还肩负维护治安、协助沟通等重任；在英国，报刊亭成为很多老人交流活动的好去处；在法国巴

254

黎，翻新后的报刊亭不仅内部空间大大拓宽，提供的服务也不断拓展；在西班牙巴塞罗那，"咖啡报刊亭"重获新生……坚守文化属性，将报刊亭打造成传播城市文化、传递城市文明的新街景，实现便民、惠民、城市管理的多赢，或许可以成为报刊亭升级改造的一个发展方向。

近几年，"报刊亭的消亡""报刊亭已经成为时代回忆""我们真的不需要报刊亭了吗"一类的话题屡屡出现在社交媒体的话题榜上，吸引许多网友分享自己和报刊亭的故事。有人认为，报刊亭是一个城市的文化坐标，让报刊亭重新焕发往昔的活力十分必要。也有人说，不论是报刊亭还是公用电话亭，这些事物经历波峰与波谷都是时代发展向前的必然，是市场规律使然，没有必要进行过多的人为干涉，与其割舍不下、难以释怀，不如让它们在回忆里熠熠闪光。

讨论声中可以明确的是，对于城市的管理者而言，一拆了之往往不是最优答案。一些不喜欢数字阅读的读者，每天仍坚持到固定的报刊亭买一份常读的报纸；有初来乍到的旅人，仍选择将报刊亭作为熟悉一座新城市的第一窗口；从小区门口的报刊亭取走快递的同时买一些生活日用品，成为一些居民的日常习惯……小小报刊亭，依然被一些群体需要着，发挥着文化生活"神经末梢"、社会生活"情感驿站"的功用，传递着城市发展的温度。加强文化供给、关注市民需求、增加便民内涵，是包括报刊亭在内的"城市家具"在建设和改造中应当持续努力的方向。毕竟，城市是人集中生活的地方，钢铁森林中的每一份温暖和贴心，都值得用心守护。

这正是：

城市发展不止步，便民设施需呵护。

（文｜张近山）

255

不久前，河南某县花费 715 万元建造的牛郎织女雕塑引发质疑，也让城市雕塑的话题引来热议。

城市雕塑，首先是公共设施，关乎城市形象，是城市环境的组成要素，也是城市文化品位的集中反映。无论是凸显地域文化特色，还是纪念特定人物事件，建设雕塑必须考虑投入产出，必须详细评估论证。如果贸然上马，可能无法体现城市文化、形成文旅吸引力，沦为浮于表面的政绩工程。要知道，一些题材不当、内容不堪的劣质雕塑，前期花费不菲，后期拆除不易，浪费了财政资金，也会损害政府公信力。

针对一些雕塑尺度过大、品质不高、题材不适宜等问题，住房和城乡建设部 2020 年发布《关于加强大型城市雕塑建设管理的通知》，明确要加强城市雕塑的管控、管理和审查。这就要求各地依法依规规划建设雕塑，规划、审批、设计等部门协同配合，把城市雕塑做得更出彩。人民城市人民建，众人之事众人商。在规划阶段，应发挥政府引导、专家评审、公众参与的作用，广泛征求各界意见，对建不建、值不值、妥不妥等问题反复论证、形成共识。在招标、建设阶段，应加强信息公开，强化社会监督。各方充分参与其中，城市雕塑才经得起群众的检验。

城市雕塑也是艺术作品。有人说：雕塑是美化城市的点睛之笔。长沙的毛泽东青年艺术雕塑，体现了指点江山的伟人气概；兰州的"黄河母亲"，象征黄河哺育了生生不息的华夏子孙；深圳的"开荒牛"，彰显着敢闯敢试的特区气质。好的雕塑能装点市容、美化环境，给人带来美的享受与启迪。相反，城市雕塑不尽如人意，反而有碍观瞻。从这个意义上说，雕塑不仅是技术活，更是艺术活。它考验着艺术家的智慧与巧思。加之城市雕塑被放置在公共场所，往往不可移动，过往人群"低头不见抬头见"，必须以更高的艺术标准审视其创作水平。

艺术创作要大胆创新，但城市雕塑设计也不能任性。必须看到，现代雕塑艺术快速发展，各个流派各展所长。广大艺术家尽情驰骋想象力，在风格、材料、技术等方面推陈出新，不断突破雕塑艺术的传统畛域。但不同于创作一线的探索、小众展览的新锐，城市雕塑需要符合大众接受习惯、对接公众审美观念。近年来，因为个人表达与社会观念脱节，甚至违背了主流价值、公序良俗，一些城市雕塑也引发争议。这说明：城市雕塑是公共艺术、人民艺术。形象生动优美，趣味积极健康，格调雅俗共赏，应当成为城市雕塑的创作方向。

当然，城市雕塑的风格并非一成不变。新中国成立初期，歌颂人民、歌颂劳动的现实主义作品不断涌现，成为建设岁月的时代坐标；改革开放以来，从政治历史的宏大题材到日常生活的惊鸿一瞥，从单

257

纯写实到抽象、意象、唯美、符号并存，城市雕塑呈现百花齐放之势。由此可见，城市雕塑是时代精神的反映。借鉴新的艺术形式和表现手段，更好熔铸时代精神与城市文化，打造更有影响力的作品，才能形成雕塑艺术与大众审美的良性互动、共同提升。

雕塑质量折射美育水平。近年来，随着城市雕塑不断普及，广大群众对艺术的认知水平逐渐提高。也要看到，一些创作者缺乏独立的艺术判断，照搬照抄、创作雷同，抑或基本功不过硬，作品简单呆板；一些管理者将雕塑等同于盖楼、建桥、铺路，或一味求大求最，或一味要求雕塑承载多方面象征意义，甚至不对照说明都无法看懂其含义。相关现象说明，优化城市雕塑质量，非一时之事；提升社会审美品位，需久久为功。使美育向更高层次拓展，提升包括创作者、决策者、欣赏者在内的全社会审美水平，城市雕塑才能傲然挺立，让艺术之光点亮城市空间，让广大群众徜徉美的海洋。

这正是：

艺术为人民，莫作小众观。

雕塑优创作，雅俗共赏玩。

（文｜田卜拉）

258

阳台上的『迷你农场』，方寸间的精神角落

在社交媒体上，不少年轻人分享出自己"血脉觉醒"的种植时刻。他们喜欢上在阳台种花种菜，耕耘自己的一份园地，不少还小有收获、成果颇丰。

社交媒体时代之前，种花种菜似乎是专属于老一辈人的爱好。经历过快速城镇化的父母、祖父母们，比年轻人有着更深的土地情结。即便住到了城市里，他们中的不少人依然保留着见缝插针的耕种爱好。将楼顶改装成菜园、在家里繁育特色水果，是他们的习惯使然，也在某种程度上见证着中国人对土地生活化、日常化的理解。

放眼更远的角落，喜耕耘、爱种植似乎是中国人的一门绝技。从海拔4000多米的帕米尔高原，到本无耕地的南海岛礁，多恶劣冷僻的环境都无法阻挠开拓的心。躬耕种植的，可能是在南极的医生、驻外维和的官兵甚至陪读的留学生父母。可以说，有中国人在的地方，常能与繁花似锦、瓜果飘香相伴。

中国人的喜欢种花种菜，有扎实的地理文化基础。主体在温带、亚热带季风区，分明的四季、多元的地貌、丰富的土壤类型和悠久的农耕历史，让耕种成为中华文化的一部分。得益于调和鼎鼐、顺应农时的生产习惯，中国人也涵养出勤奋和平、和合共生的文化基因。在播种与收获之间、在养护与照料之中，得到那份基于土地的确定性，得到那种扎根土地的幸福感，即便是在方寸之间，也能感受到一种更为广大的存在。

在阳台种花种菜，则是农耕传统与城市化结合的产物。当代年轻人生活压力大、节奏快，渴望在热闹忙碌的生活中找到稳定宁静的精神力量。从选址、备料到育苗、栽培，从浇水、除虫到打顶、收获……花花草草的成长发育考验智慧，也自有规律。与物候和植物对话的过程，常能生发出治愈与抚慰的力量，人与植物在此刻达成了"物质上我养活它，精神上它治愈我"的奇妙联结。

260

虽然在家种植的成本往往大于采购，但耕种的过程依然让人着迷，这也离不开农业技术的发展。技术更进步，为阳台花园提供了便利，也为都市农业带去了更多可能。阳光不足有补光灯，空间不够有立体种植，追求高效率有鱼稻共生，城市阳台几平米的空间也可以开垦成科技范、环境美、可循环的迷你农场。一批观赏性大于农业价值的作物，也在都市菜园里找到了全新空间。可以说，把"本能"变成"可能"的，背后也有着从育种到栽培"全链条"技术的加持。

劳动是人的第一需要。种花种菜不仅是生活所需，更可以是美学所在、情思所寄。面朝黄土背朝天的辛勤耕耘值得尊重，广植新种、精耕细作的农技推广为人称道，日复一日的耕作保障着中国人的餐桌与味蕾。躬耕于方寸之间，见得"采菊东篱下"的快适、"篱落疏疏一径深"的娴静，耕耘在"种花家"的精神世界中占得一席之地。即便是阳台上的"螺蛳壳里做道场"，也能创造出一份属于中国人的慰藉与浪漫。

这正是：

阳台不过方寸间，侍花弄草成锦园。

"种花之家"非虚名，满目春色在君前。

（文｜闯山）

本想安静把活干，楼上体育课正酣，怎么办？

居家期间，小朋友们怎么上体育课？不少家长晒出了相关短视频：有的在做第九套广播体操，有的像是在打歪歪斜斜的拳击，还有的在客厅里跳绳……内容五花八门，其中一些不乏跳跃类动作，难免产生撞击的声音，给左邻右舍带来了烦恼。有人吐槽："楼上小朋友上课要给我震蒙了。"孩子居家上体育课影响楼下居家办公，算不算侵权扰民？

之前，我们聊过居家办公如何兼顾工作与生活的话题。实际上，居家办公的挑战不仅来自家庭内部，邻里和社区潜藏的影响也不容忽视。如果自家有娃，家长和孩子长时间待在一个屋檐下，如何避免陷入"你嫌我网课不认真，我嫌你管得太多"这种"相看两相厌"的局面，对双方来说都是考验。即便家里没娃，创造一个理想的安静办公环境可能也并不是那么简单。隔壁两口子做饭、拌嘴的声音，楼上小孩蹦蹦跳跳的响动，都有可能成为提高工作效率的拦路虎。更何况，原本"你上你的课，我上我的班"的两类群体身处同一空间，时间越长，不同的作息和诉求之间产生龃龉和碰撞的概率就越大。从这个意义上说，一些小摩擦小冲突可能在所难免。

噪声影响是否达到"扰民"的程度？从法律上看，是否构成噪声污染并且达到相邻污染侵害的程度，有两个判断依据：一是是否超过国家规定的环境噪声排放标准，二是是否干扰到他人的正常生活、工作和学习。我国《城市区域环境噪声标准》对普通住宅声音分贝的要求有明确规定，即白天不超过55分贝，夜间（22时至次日6时）不超过45分贝。不过，即便小孩上体育课的声响超过了这个范畴，也不一定构成侵害。有业内人士指出，如果能避开日常休息时间，仅在上体育课期间产生一些非持续性的运动声音，一般不会构成噪声污染。但如果运动的声响过大、频率过高，对周边住户的影响超出了一般容忍限度，则可能要承担侵权责任。

当然，生活中有法理也有情理。在法律上，噪声是否构成干扰要根据大多数人的感受和相对客观的标准来评判，但这并不意味，那些对声音敏感、工作对声音环境要求高等相关群体的需求可以被忽视。每个人都享有安宁生活、不被打扰的权利，越是特殊时期，邻里之间的和谐融洽越需要用心维系。现实中，不少体育老师在课前提醒学生在使用器材时轻拿轻放、不要喧哗，强化换位思考的意识；很多家长给孩子铺上瑜伽垫，或让孩子只穿袜子在地上运动，减少噪声的产生；有一些居民则用加装隔音设备等方式来减轻对外界的干扰；还有家长在孩子体育课前会先在小区群里知会，感谢支持、表达歉意……用理解让步代替瞪眼吵架，用沟通协商代替互相埋怨，用平心静气代替着急上火，很多看似不可调和的矛盾纠纷都在这一过程中得到消弭和解决。多一分担待、多一分沟通，共同生活的家园就多一分和谐安

263

宁、多一分舒适美好。

守望相助、同心抗疫，构筑起群防群控严密防线的同时，也让很多社区居民重新认识了自己的社区邻居。一项调查显示，在1151名受访者中，有75.8%的人表示在疫情防控过程中更重视邻里关系，过半数的受访者觉得疫情防控过程中与邻居关系更近了。不论是在社区群里互通有无，还是在学习理发技能、为社区居民服务中收获满满成就感，抑或是在接力救助流浪猫中结交新朋友，团结互助、共克时艰的社区共同体在激活"远亲不如近邻"这句俗语内涵的同时，赋予了其更为丰富的意义。

一名高中生打印制作古诗词两米间隔线，用诗意的创意提醒街坊邻居做好安全防护；一名新冠感染者得知自己是密接后，立即向街道、社区报备，并留在自家车内等候通知，帮助所在社区第一时间排查疫情；一家社区肉菜店的"95后"经营者，自掏腰包给小区居民捐了15000斤爱心蔬菜……近段时间，"中国好邻居"的暖心事迹接连涌现。有人说，构建和谐邻里关系不过"为人着想"四个字。不管大事小情，邻居之间伸把手、帮个忙、勤沟通，多为彼此着想的真心真情就能汇聚起共同迈向美好生活的温暖力量。

这正是：

咚咚伴铛铛，楼上运动忙。

吹胡又瞪眼，不如好商量。

（文｜崔妍）

成

长

"修电脑的"
"记账的"
"搞促销的"……
该怎么向你解释，我的爸妈？

267

　　春节假期转瞬即逝，熟悉的日子扑面而来。返乡探亲的你，是否回到了拥挤的工位、忙碌的课堂？就地过年的你，能否舍得下暖和的被窝、慵懒的时光？太阳东升西落，生活也开始了循环往复。不管有没有患上"节日综合征"，当新春的焰火开始黯淡，当重复的闹钟再度启用，该早起的还是要早起，该加班的难免会加班。

　　但也有一群人，还在为过年期间的不解耿耿于怀。或是在走亲访友的攀谈中，或是在拜年电话的闲聊里，一些异地打拼的子女不经意间发现，自己的生计好像越来越难以向长辈们进行解释。明明是挺靓丽的"四大"审计，到了亲戚眼里就变成了"不就是个记账的"；毕竟也是互联网大厂如雷贯耳的"技术大拿"，怎么就成了父母嘴里"修电脑的"？好歹是领导器重、同事倚仗的"营销大师"，一踏上故土就沦为"卖东西的、搞促销的"……有人打趣，自然也有人当真。纵然说者无心，也总避免不了听者有意。尤其是辛劳一整年的你一圈听下来，更是别有滋味。

　　隔行如隔山。当行业的天然门槛叠加上代际的时空裂痕，隔的也就不再只是山。这其中，有传统的刻板印象，比如在不少父母的眼里，孩子工作"正不正经"的关键，取决于"有没有编"，外表看起来再光鲜也不如稳稳当当的饭碗；有客观的职业属性，例如律师就要上庭诉讼、销售就要能说会喝、中介就要精明算计，很多人对一项职业的理解往往来自道听途说、源于影视作品添油加醋的解释；有鲜明的地区特色，靠海边儿的不全是"打渔的"，山脚下既可以是"种粮的田"也可以是"种草的景"。对不少人来说，熟悉的地方有没有景色其实并不重要，重要的是陌生的远方要有能投射到现实的参照系。正是这些或主观或客观的原因，酝酿着几代人关于生活的分歧，拉扯着一家人关乎未来的选择。

268

　　平心而论，附着在职业选择、发展规划、成长路径上的各种理解和不理解，是观念的冲突，也是认知的差异。有人这样形容："童年是一场梦，少年是一幅画，青年是一首诗，壮年是一部小说，中年是一篇散文，老年是一部哲学。"面对现实的得与失，父母更想按部就班，牢牢抓住眼前的幸福；孩子总是目光四射，按捺不下奔赴远方的冲动。更何况，不同的成长经历，必然镌刻着迥异的时代烙印。诸如考不考编制、要不要户口等问题，在很多年轻人的自我奋斗中不断去魅。时不时跳出来的共享经济、睡眠经济、健康经济等新字眼，斜杠青年、自由职业者等新标签，也在持续挑战着父母的认知界限。

　　好在，生活的真谛在岁月的冲刷下渐渐水落石出，梦想的价值也在付出与收获的轮回下反复被证明。当父母扫着支付码逛街购物、跟亲朋好友聊着微信眉飞色舞，也就慢慢懂得了孩子们深植互联网"修电脑"的意义所在；当春节假期里孩子动不动接到任务、不得不回去值班，曾以为享清福的"饭碗"里装的也是数不清的苦涩和辛劳。越来越多的勇气、创新和尝试，在长辈那里得到认同；越来越多的关怀、照顾和操心，在孩子心里变得有分量。事实上，那些赚钱养家的工作，与"正不正式"关系并不打紧；那些真情实意的温暖，才是"有无意义"的最终结论。这是一种家庭的和解，也是整个社会的共识。

这正是：

在外高就？修电脑的。

收入几何？混口饭吃。

（文 | 于石）

每个努力生活的人，都值得拥抱

270   2021 年 12 月 31 日，一部以抗疫为背景的电影《穿过寒冬拥抱你》在院线上映，将无数观影者的记忆拉回到两年前武汉战"疫"那些惊心动魄的日日夜夜。从"封城"到"重启"，76 天里，武汉经历了无数次风风雨雨。但在风雨中，那些努力生活、默默奉献的普通人，以最朴素的举动、最真挚的情感，温暖彼此、汇聚微光，携手冲破了凛冽的寒冬。电影正是将镜头对准了武汉街头那些最普通的人们，讲述了他们在疫情之下的选择与坚守、失去与获得，让人们看到在最艰难的日子、最寒冷的夜晚，依然氤氲的烟火气和不屈的精气神。

《穿过寒冬拥抱你》讲述了一个关于"爱"的故事。这份爱，是快递小哥与妻子表面上一个怕老婆、一个刀子嘴，实则互相关心、彼此牵挂的爱；是中年夫妻经历婚姻之痒，但最终走进彼此内心、理解尊重的爱；是女骑手与钢琴老师萍水相逢，却彼此温暖、相互慰藉的爱；是黄昏恋的爷爷奶奶岁月尽头有你陪伴，携手白头的爱……穿过寒冬的力量，正是爱的力量。在影片中，无论是"义字当先"的快递小哥，还是重披"白衣战甲"的退休医生，无论是把商品物资捐出的超市老板，还是承包了"你们科室的工作餐"的厨师爷爷，因为疫情，他们对爱有了更深的理解，对眼前人有了更多的珍惜，并在危情之中将"小爱"延伸成"大爱"，努力地散发光与热，照亮着一个个哪怕擦肩而过的身影，慰藉着一个个在疫情下渴望温暖与勇气的灵魂，让人与人之间的真情和善意汇聚成流，也让我们在一次次挺身而出的义举、不期而遇的温暖中更加坚信——"去拥抱爱的时候，恐惧就自然消散了"。

《穿过寒冬拥抱你》讲述的是疫情的故事，切入的是疫情防控最难忘的战场，勾起的是作为亲历者的我们共同的集体记忆。一名来自武汉的观众在分享自己的观影感受时说，"我可能是这部电影哭得最早的人，汉口站、武汉站那几个字出现的时候，我就已经忍不住了"。这种"忍不住"的汹涌情感，源于影片自真实生活提炼的厚重质感。电影中，快递员武哥为调配医疗物资四处奔波、有家不能回，现实中也有很多快递小哥为保障医护人员出行、生活日日奔忙，每天只睡三四个小时；电影中，有为了给医生老奶奶送餐而承包整个诊室饮食的厨师爷爷，现实中也有通宵达旦、给医院赶做1800份早餐的餐馆师傅；电影中，有小朋友担心外婆病情趴在阳台上哭泣、左邻右舍走上阳台无声陪伴的温情瞬间，现实中也有万家灯火隔空合唱互相打气的动人画面……这些有着现实注脚的人物与故事，带领我们共同回望穿过寒冬的一个个瞬间，让我们感动于那咬紧牙关的温暖、人性坚韧的底色。

看过电影的人能感受到，《穿过寒冬拥抱你》没有回避灾难，也没有渲染苦痛，而是安静真诚地记录，同时也在温柔包容地化解。它以温情脉脉的视角，记录疫情下普通人努力生活、对抗苦难的行动，也在平凡人守望相助、彼此支撑的暖流里，让人们看到"苦难中有美好"。影片引用雪莱的诗句传达主题——"人啊！请鼓起心灵的勇气，耐过这世途的阴影和风暴，等奇异的晨光一旦升起，就会消融你头上的云涛"。就像武汉市民历经磨难终于迎来鹦鹉洲大桥上的"相聚"，无论我们此刻正面对什么样的"阴影和风暴"，也请相信，只要心怀勇气、彼此温暖，就一定能消融头上所有的云涛，与这世间的美好紧紧拥抱。

今天，我们已经穿过疫情最凛冽的寒冬，但多点散发、此起彼伏的疫情仍在持续，还有无数个叫不出名字的"勇哥""武哥""谢医生"等等，正在为小家、为大家，忙碌着、奔波着。最近，一首歌曲《无名的人》让不少人听了直呼"破防"。那些无名的人，可能"是赶路的人""是养家的人"，是"努力地生活"的人，也是平凡普通却顶天立地的人。致敬这些"无名的人"，致敬平凡而普通的我们，因为每一个努力生活、心怀光亮的人，都值得拥抱，也一定能收获生活热烈的拥抱。

这正是：

以爱为矛御苦难，勇敢拥抱暖人间。

（文｜周南）

高光时刻VS至暗时刻，人生际遇的象限区间？

意气风发的你，一定还记得小时候第一次获得小红花奖励时的激动，还记得翻山越岭后"一览众山小"的豪情，还记得班会上被老师表扬、年会上被同事簇拥的得意；意兴阑珊的你，也一定不会忘记考试失利后蒙进被子里的抽泣，不会忘记感情受挫后无法排解的忧伤，不会忘记工作失误、生活失控的沮丧……可以说，每个人的一生中，都有闪亮的高光时刻，也会有惨淡的至暗时刻。

寒来暑往，冬至阳生。按部就班的世界里，藏着漂浮不定的人生。有人说，人生像是一条河，时而激流勇进，时而静水流深，何时才能淌进风平浪静的港湾？也有人说，人生是条抛物线，既有蓄势而发的爬升，也有一泻千里的坠落，从来都没有什么一世安稳的坐标。但是，无论何种比喻，不过是为难以预料的起伏寻找一个看起来恰当的解释。没有人能预言，驶出平静港湾，大江大海中是风正潮平还是风急浪高；没有人会知晓，驻足片刻之后，迎面而来的是一马平川还是崇山峻岭。于是，不少人或逆来顺受，或堂而皇之，或随遇而安，努力让人生际遇显得不那么唐突，仿佛一切都尽在掌握之中。

高光，往往不容易常亮。领奖台上的运动员光彩耀人，当岁月无情地衰减了身体机能，又该如何善待自己的职业生涯？结婚典礼上的新人容光焕发，当遭遇吃喝拉撒、柴米油盐的生活琐碎，是否还能恩爱如初？拉长时间的镜头，片刻的高光不易，持久的人生更难。如果说奔赴高光的过程通常伴随着奋斗与执着，那么刹那芳华之后的选择就更显智慧和眼光。是平常以待，迎接下一次绽放？还是陶醉沉迷，徜徉在高光中无法自拔？要知道，有的时候光芒太亮，足以照到远方的诱惑，反而更容易忽视眼前的拌蒜。流星只会一闪而过，恒星才能点亮夜空。

至暗，也并不意味着绝望。比赛有输有赢，人生也有高有低。可能是短暂的低谷，或许是偶尔的失落，抑或是突如其来的烦躁，都有可能酝酿一起心灵的风暴、一次精神的缠斗。原来跳跃的思维开始凝滞，以前轻松的心情变得敏感，曾经开朗的笑声从此沉寂，就像是被黑暗紧紧包裹，就像被海水深深桎梏。其实，没有暗无天日的束缚，只有剑走偏锋的执念。纵然爱情失守，还有亲情、友情的紧急驰援，还有自己一个人的固若金汤；即便人生受挫，还有楼下便利店 24 小时不眠的守候，还有每天第一缕阳光新鲜的问候。失望而不绝望，孤独却不悲伤，就能挺过子夜深宵，静待破晓黎明。

人生海海，有潮起自然就有潮落。事实上，高光和至暗之外的广阔人生，才是更值得播种耕耘的田野。有人这样形容，"每个人带着一生的历史，半个月的哀乐，在街上走"。从一瞬到一生，我们总是在努力地寻找意义、发掘意义、塑造意义、实现意义。那些隐藏在角落里的悲欢、那些积蓄在生活里的智慧、那些沉淀在岁月里的收获，构成了人生最本质最纯真最坚固的堡垒，让我们心有所依、爱有所托，在至暗时不至于消沉，在高光时不至于飘忽。放眼前路，不管是希望还是梦想、欢乐还是悲伤、犹疑还是怯懦，终将在人生的无常中得到意义的最优解。

这正是：

人生无常，亦是人生之常。

（文 I 盛玉雷）

中国式父子：爱在心、口难开？

最近热播的年代剧《人世间》中，小儿子周秉昆与周父的两场剑拔弩张的争吵，由于过分真实在不少人心中激起强烈共鸣。明明互相在意却偏要彼此否定，渴望理解却话赶话争得面红耳赤，让不少中国家庭看到了自家的影子。

"两个男人，极有可能终其一生，只是长得像而已。有幸运的，成为知己。有不幸的，只能是甲乙。"一句流传甚广的歌词，成了很多父子的真实写照。一个沉默寡言，一个年少倔强；明明饱含爱意，却从不事声张；满意深藏心底，批评常挂嘴上……不只是拧巴、疏离，很多人形容自己与父亲的关系是一场旷日持久的战争。点燃战火的，可能是父亲一味将自己的意志强加在孩子身上，可能是吝于赞赏肯定却总拿着放大镜挑错。战火也在孩子寻求认可、渴望尊重、追求自我的挣扎中越烧越旺。在社交平台上，话题"中国式父子为何难相处"阅读量达 1.2 亿，可见一斑。

事实上，刨除极端个案，大部分家庭里哪有那么多不可调和的是非对错，之所以难相处，很大程度上是双方缺乏沟通以及不善于沟通所致。有人说，父爱像禅，不方便问、不容易说，只能领悟。沉默、严厉，很多人给自己的父亲贴上这样的标签。这种典型性背后，有儒家文化在表达感情时的含蓄隐忍克制，有特殊成长经历和代际认知差异的局限。在作家朱自清笔下，"我买几个橘子去。你就在此地，不要走动"就是内敛的父亲表达爱意的方式。"我赶紧拭干了泪。怕他看见，也怕别人看见"，同样的隐忍克制。不仅如此，爱之深责之切的父辈还极有可能打着爱的旗号过度干涉孩子的人生。一个不问、一个不说，对抗情绪就这样在日积月累中堆高，成为横亘在亲子关系中的大山，让彼此越发疏远。

诚然，严厉、沉默不代表不爱。时光流转、角色变迁，不少人会在人生的某个阶段、在生活的点滴细节中，渐渐读懂沉默背后的脉脉温情、看见坚强背后的脆弱和艰辛。也有父辈会在看到一直放心不下的孩子已经成长为生活的勇士、挑起生活的担子时欣慰放手。针尖对麦芒的紧绷总会随着一方的撤退而土崩瓦解，达成与过去、与彼此的和解。这是生活的温情所在。

不过，虽然从影视作品到文学创作都喜欢设置尽释前嫌的环节，但生活往往没有那么多戏剧化的情节。现实中，长久的疏离哪能轻易跨过时间的河流，更多的理解也不一定能搭建起沟通的桥梁。没有上帝视角的普通人，可能永远无从知道那些严厉的表象下，藏着多少深情厚爱、有着怎样的深谋远虑，亦无从探寻对抗背后的误解与真相。亲密关系里的创伤，很可能成为彼此一生挥之不去的阴影，永远无法愈合的伤口。很多时候，伤害就是伤害，不是所有的误解都终能消弭，不是所有的遗憾都有机会弥补。这也是生活的残酷之处。

　　显然，在亲子关系的拉锯战中，没有谁是胜出者。如今，这样的议题得到了更多的探讨，也引发了更广泛的思考。虽然惯性难以扭转，但觉知带来了改变的契机。随着社会的发展进步，更多曾经身处困境的人们，有意识地实践新的相处模式。或许，放下彼此的评判标准，相互尊重、平等相待、好好说爱，松弛的关系会让彼此的联结更加紧密。其实，不只是父子，其他家庭成员间的相处，何尝不是如此呢？

　　这正是：

　　父子本连心，奈何隔山海？

　　做不成知己，也别成甲乙。

（文 l 钟于）

青年的节日刚过，青春的话题还在继续。在众多感怀青春、致敬青年的作品中，B 站上一则以诺贝尔文学奖得主莫言为主角的视频给人留下深刻印象。镜头下，笔尖沙沙作响，老人娓娓道来。这是一位曾经少年的心路历程，也是一位花甲老人的娟娟絮语，更是一位文学大咖的人生感悟。

　　"当遇到艰难时刻，我该怎么办？"视频一开始，就抛出了一个每个人都会遇到的难题。谁的青春道路上没有泥泞？谁的人生诗行中没有波折？环顾四周，回到自身：有少年维特之烦恼，成长的困惑桎梏着亟待成熟的身心；有青年前途之迷茫，梦想仿佛近在咫尺却又遥不可及；有中年生活之辛酸，生活在上有老下有小的"夹心"中渐渐走样；有老年人生之遗憾，脑海中总有些人和事悔不当初……或许是举步维艰的逆风时刻，或许是跌落低谷的至暗时刻，沉闷、龃龉、反复和踌躇，是每个人绕不开的心灵黑洞。

面对这样的"灵魂之问"，莫言的回答是冷静和谨慎的。没有想当然地指手画脚，也不是没来由地信口开河，而是温柔地、朴素地打开心扉、敞开天窗，和年轻人来一次推心置腹的对话。在他的故事里，一本普通得不能再普通的《新华字典》，和一位平凡得不能再平凡的老人一道，充盈着朴实无华的力量。那本质朴、坚硬却又充满信息密度的辞书，为他敲开了识文断字的大门；那个瘦弱、佝偻又充满人生智慧的老人，让他学会了遮风挡雨的本事。在他平静的讲述里，或许没有战胜困难的方法论，也没有通往捷径的成功学，但却有逆风而上的价值观，有拨云见日的辩证法。

"我看到爷爷双手攥着车把，脊背绷得像一张弓，他的双腿在颤抖，小褂子被风撕破，只剩下两个袖子挂在肩上。爷爷与大风对抗着，车子未能前进，但也没有后退半步。"和各种"开挂"的主角光环不同，爷孙俩"抗击"疾风的战果并不显赫："风把我们车上的草刮得只剩下一棵，我们的车还在，我们就像钉在这个大坝上一样，没有前进，但是也没有倒退"。"稳稳地钉在大坝上"，不正是无数人遇到艰难时刻时最渴望的能力和定力吗？无论风从哪个方向来，握紧把手、站稳脚跟，人生这趟列车就不会倒退。

"不被大风吹倒"。文学一样的语言，道出的却是哲学般的思辨。人生海海，潮起潮落。一帆风顺很多时候只是美好的期许，"船到中流浪更急，人到半山路更陡"才是生活的真相，才属于人生的常态。对很多人来说，当行走至愈进愈难、愈进愈险而又不进则退、非进不可时，不妨咬咬牙、鼓鼓劲，面对苦难而不畏惧苦难，笑对挫折而不回避挫折，就能在大风大浪中岿然不动，在波云诡谲中气定神闲。正如莫言所言："希望总是在失望甚至绝望时产生的，并召唤着我们重整旗鼓，奋勇前进"。

"千磨万击还坚劲，任尔东西南北风"，这是迎风而立的铁骨铮铮；"好风凭借力，送我上青云"，这是乘风而上的万丈豪情。其实，在奔腾不息的时代浪花里，我们每个人都是那个手捧字典的孩子，都是那个"不被大风吹倒"的少年。

这正是：

风狂雨骤，我自立定。

雨住风停，且看天明。

（文 I 林克）

不虚度，不迷茫……如何过好高考后的「神仙日子」？

七月流火，八月萑苇。对很多刚刚奋战完学业生涯大考的孩子们来说，高考的枕戈待旦已成昨日，大学的无与伦比尚在明天。那么问题来了，在这段没有了作业和考试、漫长而悠闲的"神仙日子"，又该如何尽兴？有人喜不自禁、乐不可支，"先睡他个天翻地覆"；有人随心所欲、放飞自我，"世界那么大，我想去看看"；有人摩拳擦掌、跃跃欲试，"技多不压身"……天马行空的选择，既是青春年少的自由，也是深谋远虑的考量。

文武之道，一张一弛。田径赛跑中，运动员在冲刺过线后，往往会选择慢走一段以调整呼吸、稳住节奏。反观生活亦然。就像是疾驰的车辆开进了服务区，也像紧凑的剧目进入了中场休息，很多人终于在寒窗苦读之后迎来了难得的放松，难免有种"从题海中泅渡到彼岸""在书山上登攀到顶峰"的感觉。有人说，人生就像弹簧。如果总是抻着不放，弹性就会受损；倘若只是压着不起，也就无从反弹。

有人还说，人生就像马拉松。该跟跑的时候要学会跟跑，该冲刺的时候要敢于冲刺，该休整的时候要果断休整。从这个意义上来看，当考试收卷的铃声如期响起，当三点一线的习惯成为过去，休憩身心、怡然自乐不失为一种知性选择。

独乐乐不如众乐乐。对很多人来说，比起内心的放松，那些难言的不舍才是这个夏天的主旋律。有一份调查显示，高考后选择"与同学、朋友组织活动"的最多。攒个饭局？打盘游戏？逛个公园？在珍贵的相处倒计时里，一些若隐若现的情愫幸运地有了答案，一些似是而非的想法永久地埋在心底。当然，相信也一定少不了各种"明年今日再相逢"的许诺、"苟富贵勿相忘"的恭维，只不过这些大概率都要应了"岁岁年年人不同"的规律。纵然客套也好，真诚也罢，这是一种对曾经"同甘共苦"的纪念，也是一种对未来"行走天涯"的祝福，不失为一种感性选择。

相比各种"报复性娱乐"、多场"感情式交流"，还有一些人显然"有备而来"。要在新的起点上快人一步，就主动啃起了大学的推荐书单；要在新的生活里不捉襟见肘，就想办法打工争取实现"雪糕自由"；要在新的环境下有一技之长，就去考个驾照、学个乐器、玩个运动……这当中，有"玩够了"之后的顺其自然，也有"多想点"的刻意为之。有一名考生在"高考后的耕读日子"里记录道：为了平衡自己的迷茫与焦躁、憧憬与期待，他向父亲提了一个心愿——"挖菜地"。"一锄头挥下去，手心就被震得发麻、生疼""锄头卡在地中，半天弄不出来"……正是在白天劳作、晚上读书的循环里，出分数、报志愿，一切都平淡无奇，却又刻骨铭心。去感受生活的厚度，去增加人生的体悟，不失为一种理性选择。

博观而约取，厚积而薄发。对每个人来说，时间的尺度亘古不变。但不同的是，有人用它丈量人生的长宽高，有人用它填充生活的边边角角。回过头来看，那些波涛汹涌的激荡，那些静水流深的酝酿，那些猝不及防的转折，可能不过是日记里的寥寥数字、日常中的短短一刻。过去在每一个特殊的页码都标注了未来的注脚。由此而言，高考后的日子是稀松平常的，也是至关重要的。年华并不似水，往事也不如烟。享受当下、把握眼前，或许才能让这个假期不只是虚度的"神仙日子"，更是有价值的时间刻度。

这正是：

西山苍苍，东海茫茫。

不惧风雨，心系远方。

（文丨于石）

从无奈到享受，「一人食」未必是

　　打开外卖平台，种类繁多的单人套餐供人挑选；外出用餐，火锅、烤肉等店铺纷纷推出一人用餐服务；购物平台上，小包装、小分量的食物销量相当可观。一段时间以来，"一人食"受到越来越多消费者欢迎。

　　顾名思义，一人食是针对单人顾客提供的用餐服务。在此次走红前，早在2014年就有餐饮企业试水一人食，瞄准单身群体的"一人食烤鱼""一人食拉面"等店铺在多个城市落地。只不过，这样的尝试未能成风。在此前网络流行的"孤独等级表"中，"一个人去咖啡厅""一个人吃火锅"被列入其中，被视为"孤独经济""单身经济"的产物，多少可以窥见彼时人们对一人食的态度。再加上这些门店大都没有品牌和供应链支撑，短暂流行后，很快就消失于大众视野。

　　近年来，我国家庭结构发生了显著变化，家庭规模逐渐小型化，独居人数增加。数据显示，2022年初我国独居成年人达1.25亿。国家统计局预测，到 2030 年独居人口数量或将达到 1.5 亿—2 亿。独居人数上涨，生活节奏加快，一个人吃饭成为很多人绕不过去的情境。或被动接受，或主动选择，在这个过程中，一些人逐渐发掘到一人食的乐趣。有人享受这一独处空间，可以不用周全社交礼仪、还能降低健康风险；有人青睐想吃啥就吃啥的自由；还有人认为一人食分量恰到好处，每样菜都可以尝一点，不浪费。一人食再度进入大众视野，适应了消费者的多种需求，成为一日三餐的又一选择。而"孤独"也不再是其唯一标签。

消费者需求的多样化，为一人食经济打开了广阔空间。从简单的方便面食、速冻食品、自热火锅，到一人堂食的小火锅、小烤肉、自助餐，甚至到讲究品质和氛围的高端餐饮，一人食的品类、形式日趋丰富，折射出人们从吃饱到吃好的追求之变。视频平台上，一人食的烹饪教程点击量居高不下，一周菜式不重样；大牌餐企也纷纷上新一人预制菜，为消费者提供更多选择；从最初稍显简陋的隔板，到如今恰到好处的音乐装潢，一人食餐厅也为消费者提供了独处片刻的空间。从"一个人吃饭"到"一个人好好吃饭"，记录着消费者由被动独处到主动"悦己"的观念改变，赋予一人食更丰富的内涵。

这阵品质升级的风，也吹向其他行业，催生了大量新场景、新消费形态。"一人食"市场衍生出的家电需求，让小容量、高颜值、多功能的小家电备受青睐；单身公寓、单人卡拉 OK、单人定制游等也与之伴生、不断涌现。细分业态日渐丰富，市场活力迸发，覆盖衣食住行、休闲娱乐，不断提升着人们的生活品质。

对于这些细分业态来说，抓住风口不难，难的是站稳脚跟。一人食的几番走红又沉寂，一定程度上反映了这一业态面临的挑战。以线下餐饮为例，倘若仅仅是新增单人套餐，单人客单价较低，将直接影响"坪效"；若将场地成本分摊至菜品价格，又会影响消费者的购买欲望。能否在风停之前走出一条两全的路，成为行业发展的关键。

悠悠万事，吃饭为大。一日三餐，不仅能够把胃填满，还能够抚慰疲惫的身心，可以说是幸福感最简单、最直接的来源。一群人吃饭有一群人吃饭的热闹，一个人吃饭有一个人吃饭的自在。犹如一枚硬币，想要哪一面向上的主导权掌握在自己手里。当市场提供足够多的选择，能够妥善安放每一种偏好，不妨认真聆听内心所需，从这一顿饭开始，从容安排自己的生活。

这正是：

有人觥筹交错，有人对月独酌。

但使自得其乐，从容面对生活。

（文 | 徐之）

287

饭搭子、话搭子、健身搭子……我们
为何需要一次「恰到好处的陪伴」？

人际关系，向来多种多样。有人独来独往追求"遗世而独立"，有人呼朋唤友唯恐不是当中"最靓的仔"；有人痴心"陪伴是最长情的告白"，有人笃信"相遇即是缘分，相识便是幸运"……不同的取舍，是价值理念的差异，也是人生态度的迥然。这其中，就不得不提听起来一头雾水、实际上有迹可循的社交新方式——"搭子"。

何谓"搭子"？每个人的情况不尽相同，但大多数人的感受可能并无二致。工作累了，茶水间里侃会儿大山？对面这个面善的同事是哪个部门的来着。有新展了，周末无聊凑个对？排队的时候还能有人说说话。肚子饿了，要不组队去探探隔壁新开的店？宁肯辜负爱也不要辜负美食……从饭搭子到旅游搭子，从游戏搭子到健身搭子，从剧本杀搭子到演唱会搭子，不一定相熟，更不用相知，只求片刻相遇、轻松相处。你一言，我一语，蛮好的；你不言，我不语，也不错。甭管是提前约的，还是临时凑的，只要你不为难、我不别扭，就是一次"恰到好处的陪伴"。

"万事皆可搭"。其实，单纯从形式上看，我们对"搭子"并不陌生。回溯过往，下课铃响手拉手一起去洗手间的陪伴感，月黑风高脚并脚一起走夜路的安全感……或许，不知不觉间，我们早就已经习惯了"搭子"的存在。不一定形影不离，也不见得亲密无间，但总能在某个片刻、某些地方提供一丝慰藉，以对抗孤独，以消磨时光。伴随着交流的共鸣、情感的共振，"搭子"之间形成了一种奇妙而又短暂的默契，享受彼此提供的认同和支持。

不难发现，"搭子"之间在追求相关性、一致性的同时，反而更加强调彼此之间的弱联系、轻社交。很多时候，没有无缘无故的爱，也没有无缘无故的"搭子"。或许是相同的口味、类似的趣味，或许是共通的需求、一致的目标，"搭子"总能凭此组成一个"限时限量"的"共同体"。只不过，相比于亲人爱人的亲密度、好友挚友的紧凑度，"搭子"之间往往存在一段"心照不宣的距离"。不需要知根知底，更避免刨根问底；不刻意你侬我侬，也别强求你知我知。简单、轻盈，却有价值，更有意义。仿佛随时都能投入进来，随时也都能跳脱开去。

289

值得关注的是，在快节奏、原子化的现代社会，渴望"搭子"、寻求"搭子"，也暴露出不少人"想要而不可得，可得而不想要"的矛盾感。需要陪伴，却又极力维系"边界"；获取愉悦，但又不想耗费过多心力。事实上，这背后是越来越多人对亲密关系另一面的反思。今天，人际关系越来越复杂、越来越黏稠，这也意味着边界感的模糊、个人空间的让渡，更何况其中或许还有付出回报的算计、利益得失的考量。面对生活与工作的压力，如果情感更多成为一种羁绊甚至一种消耗，也就不免让一些人生出"人与人的相处之道，就是既不能太近，也不能太远"的感叹。

好在，人与人的联结还在，心与心的纽带也没断。"搭子"的应运而生，以较低的感情投入获得了不俗的情感回报，在很大程度上成为陪伴与疏离的矛盾统一体。当然了，从长远来看，"搭子"只是一个互相妥帖的过程。人际关系的触角总会弥漫生长，是渐行渐远还是渐行渐近？是顺其自然还是事在人为？这是"搭子"的无限可能，也是情感的无穷魅力。

这正是：

生人之上，熟人之下。

适度陪伴，万事可搭。

（文 l 于石）

最近这段时间，有关"脆皮大学生"的话题热度不减。各种各样的网络帖子中，不少年轻人分享着自己听起来"有些匪夷所思"的经历，让人心疼之余又心生感慨。有网友调侃说，"80 岁的老奶奶健步如飞，20 岁的大学生系个鞋带两眼一黑；70 岁的大爷身手敏捷，20 岁的大学生做个俯卧撑像振翅蝴蝶"。事实果真是这样吗？

青春的颜色五彩斑斓，"脆弱"的瞬间也各有千秋。有人吃一口刀削面，因为味道太赞激动不已，"心率直接飙到二百"，"吃货"属性之外又叠上了"虚弱"加成。有人美美地伸个懒腰，不承想却把脖子扭了，"护腰"不成反倒戴上了"围脖"。也有人跑个 800 米累得气喘吁吁，把吃过的早饭吐个精光，也把身边的同学老师吓个够呛。在各种版本的"脆皮故事"里，不少年轻人以自己的"惨"和"痛"现身说法，不一样的遭遇透露出差不多的关切：年轻人，是不是也要更好进行健康管理？

关于年轻人的状态，我们已经聊过很多次了。一边刷着手机熬着夜，一边泡着枸杞养着生，不可谓"不朋克"；或者五天游五岳说走就走，或者天天躺酒店一动不动，不可谓"不从心"……无限的可能、无限的选择、无限的未来，青春的活力蕴藏于此，年轻的资本也正在于此。特别是，当成都大运会上的青春身影奋勇争先，当杭州亚运会上的青春风采璀璨夺目，我们有理由相信，今天的年轻人不仅"文明其精神"，而且"野蛮其体魄"，身体机能处在最佳状态，经得起风雨、受得住磨砺、扛得住摔打。不管是"一碰就碎"的话题，还是"一吹就倒"的标签，抑或是"一动就伤"的说法……大多数人所谓的"脆皮"，既有夸张戏谑的意味，也有偶然意外的因素，更有自我打趣的意思。这个问题上，决不能以偏概全，让玩笑不经意间为全体年轻人代了言。

当然平心而论，游戏世界里的"脆皮"往往爆发强、防御低、血条短，某种程度上与现实世界的当代年轻人不谋而合：拼起来不管不顾，养起来费心费神。"脆皮"现象的背后，也有着值得正视的隐忧。不妨扪心自问一下，有多长时间没有好好吃一餐早饭了？距离上一次大汗淋漓的运动过去了多久？凌晨四点，是窗外的阳光亮还是手里的手机亮？可以说，身体"脆皮"，首要是健康意识"脆弱"。日常生活中，不少人运动不充分、作息不规律、膳食不合理，再加上吸烟、喝酒、熬夜、意外受伤等状况，身体"亮红灯"也就不难理解。这当中，既有健康意识不足的主动因素，也有精神压力过大的外界原因。尤其是，从学业到就业，从情感到生活，年轻人的健康成长依然需要来自全社会的关怀，"就像游戏里的坦克和奶妈对脆皮的保护一样"。

身病易治，心病难医。关于"脆皮"的讨论或许只是玩笑，豁达的心态和健康的体魄却弥足珍贵。有数据显示，2023年立秋以来，有些医院精神科就诊人数明显增多。医生提醒：秋季是"情绪病"的高发时段，要注意识别不良情绪，警惕"悲秋综合征"发生。秋天可能是伤感的，因为枯叶婆娑、落英缤纷；秋天一定也是饱满的，因为五谷丰登、硕果累累。同样地，身体是脆弱的，稍不留神就会遍体鳞伤。但身体一定也是强大的，生命的坚韧与顽强所有人有目共睹。正因如此，对"脆皮"的故事我们不妨一笑了之，但对"硬朗"的人生必须严阵以待，去全力奔跑，去奋力攀登。

这正是：

伤春悲秋多烦扰，人生何处不登高？

(文 | 风凌度)

293

近日，"中小学生连上厕所的时间都快没了"这一话题登上热搜，引发社会广泛关注。一则视频里，课间 10 分钟期间，7 成左右学生不出教室，即便是 20 分钟的大课间，校园里也空空荡荡。调整呼吸的中场休息，何以如此紧凑？

"下课铃怎么还不响""老师千万不要拖堂"……对不少学生来说，这是课堂上最后几分钟的"难熬"心态。客观来说，经过 40 多分钟的"知识密集型劳动"，短暂的休憩既是身体的停顿，也是心理的调整。或闭目养神，或悄悄打盹，或窗前远眺……不少同学会选择以各种各样的方式度过这"奢侈"的宝贵时光。从这个意义上来说，"安不安静""出不出教室"，并不能构成评判课间休息"充不充分"的理由。

真正值得重视的问题，是那些"消失不见"的课间十分钟。不少网友表示，自己家孩子处境相似："10 分钟里拖堂 2 分钟、提前上课

2分钟，上厕所不跑都来不及"，"不能去操场，不能上下楼，甚至不能出教室"，"课间有老师巡查，被发现在走廊上奔跑，要扣班级分"……这些有意无意的做法，让难得的放松只能"见缝插针"，把紧张的学习节奏直接"拉满"。

所谓"文武之道，一张一弛"。弹簧如果长时间绷得太紧，就容易失去弹性、丧失活力。事实上，保障课间休息或者活动的时间，既是尊重教育教学规律的体现，也是孩子健康成长的必然要求。不管走出教室与否，在充足的、有保障的、没有压力的课间，自由活动大有裨益，既可以放松身心、保护视力，又能够联络友谊、培养交际能力，还有助于恢复注意力、提升下一节课的学习效果。

从学校管理的角度看，也的确有老师"有苦难言"。"学生在课间活动发生意外，家长会找学校或老师麻烦，甚至打官司，多一事不如少一事。"这种心态，必然会对课间活动时间"严防死守"，"一刀切"成了简单且保险的做法。只不过，确保学校课间既"生动活泼"又"安全有序"，是学校教育教学的底线要求。此前教育部颁布《未成年人学校保护规定》，明确要求学校不得对学生在课间及其他非教学时间的正当交流、游戏、出教室活动等言行自由设置不必要的约束。与此同时，学校也不妨在注重防范风险、排除安全隐患上多下功夫，比如，制定安全管理制度、设置警示标志、购买责任险等，为孩子活动提供可靠的校园环境。

当然，也有不容忽视的更深层原因。有人就表示，"取消课间活动问题不大，节省出来的时间还能多看几页书、多做几道题"。对不少老师和家长而言，"分分必争"。在他们眼里，孩子要在分数上"争先恐后"，就要在时间上"争分夺秒"。这种观念，本质上还是教育功利性的表现。必须要明确的是，教育是一项立德树人的工程，既要注重开发智力、培育人才，也不能忽视发展身心、完善人格。"欲速则不达"，寄希望于靠课间十分钟来提高成绩，恐怕只会南辕北辙，最终适得其反。

"听那叮铃铃的下课铃声送来十分钟，来吧，来吧，来吧，大家都来活动活动，让我们那握笔的手指摸一摸皮球，让快活的叫喊冲出喉咙。"一首儿歌，万千童趣。歌曲里描述的场景，是许多人的温暖记忆。把课间10分钟"真正"还给孩子，"让疲劳的眼睛看一看蓝天，让紧张的大脑吹进清风"，或许这样孩子们才会跳得更高、喊得更响、跑得更远、成长得更好。

这正是：

课间十分，人生一世。

循序渐进，方得始终。

（文 | 雅言）

"大家好，我来这里不是来推销的，主要是想简单介绍一下我自己，分享一下我的成长经历和我的梦想，希望突破我内向的性格、改变我口吃的毛病……"近日，一段"男生在公交车上鼓足勇气演讲"的视频引发关注。视频中，男孩虽不时紧张卡壳，却声音洪亮。

这个男孩叫作乐国强。他的口吃，医生诊断是心理原因，因为不够自信，害怕与人交流。从小学到高中，常常话到嘴边却无法脱口而出，乐国强内心无数次被紧张、焦急的情绪占据。但心中越着急、越害怕，讲话就越磕巴，反而更陷入情绪的漩涡，逐渐蒙上了"害怕讲话"的阴霾，严重时甚至给母亲打电话，都喊不出"妈妈"两个字。乐国强的父母试图在生活点滴中，淡化儿子脑海中"有口吃"的念头。比如，把口头上的"你不要急"改成了"慢慢来"，鼓励儿子去菜市场买菜，让他主动"遭遇"与陌生人交流的场景，对心中的恐惧"脱敏"。父母的耐心浇灌和温情历练，抚慰着乐国强的不安，帮助他迈出"应对恐惧"的第一步。

成长中，不少酸甜苦辣需要独自面对。上大学后，乐国强有了梦想，他想做一名法官。但是当法官就要敢于对话、顺畅表达。实现这个梦想，必须克服恐惧。在公交车上面对陌生人演讲，这是乐国强为了梦想做出的决定，这次他选择主动"遭遇"恐惧、超越恐惧。当乘客投来关注目光，演讲不断卡壳，纵然紧张情绪让乐国强喘不过气，他仍会握紧拳头、继续说下去，因为脑海中始终有信念支撑：不能流利与人交流，今后怎能为正义发声？哲人曾说，真正的强者，乃是知道恐惧，却能克服恐惧的人；看到深渊，却能傲视深渊的人。直面恐惧的深渊，奔赴梦想的彼岸，少年挥剑以奋斗之英气，为自己劈开了广阔天地。

向阳成长，一往无前，奋力追梦的故事，总是最动人心。云南昭通女孩李兰，在一次火灾中不幸面部毁容、双手手掌缺失，没有一根手指的她苦练双手夹笔，写出一张张字迹工整清秀的试卷，在高考中取得心仪的成绩；那个4年前在工地搬砖时收到清华录取通知书的林万东，在大学生涯中毫不懈怠，2023年毕业的他已经回到家乡就职，立志用自己的所学回报家乡；"母校和老师给了我们底气，岁月和经历给了我们底气，未来愿我们无论在何方，都心怀梦想，坚持热爱，永远脚踏实地，淡定从容"，全国首位视障播音硕士董丽娜，在毕业典礼上的发言，鼓舞更多学生在挫折之上绽放梦想之花……梦想的光芒催人奋进，战胜恐惧、克服困难，回首间，我们总能看到成长成熟的轨迹，那是逐梦路上积淀下的最珍贵财富。

人生好似舞台。站在空旷的舞台上，难免胆怯、难免茫然，但是时光的车马并不停歇，人生的旅途注定要横跨一座座山峰。"但是我们不能停下脚步，我们只有大胆前行"，2023年西安交通大学研究生毕业典礼遇上大雨，校长在雨中脱稿致辞，"就像今天这场风雨一样。来吧，无所谓，我们仍然在前进的道路上"。又是一年毕业季，莘莘学子奏响一个个新阶段的序曲，舞台、灯光皆已备好，静候着一个个青年人书写华彩篇章。人生风雨兼程，对梦赤诚，艰难困苦也必然会玉汝于成。

回到最开头的故事，为了离梦想更进一步，乐国强参加了模拟法庭辩论赛。坐在"辩护人"的席位上，菜市场中的交流、公交车上的演讲，都变成了他在辩论场上坚定的话语，推动着对自我的一次次突破。而在这个过程中，他收获的不仅仅是语言表达上的进步，还有"成为更好自己"的信心。也希望更多的追梦人能够在经风历雨中收获自信从容，成就一个更好的自己，绽放人生最美的光华。

这正是：

卡壳演讲，卡住了话、卡不住梦。

（文丨周山吟）

给自己买束花，给美好安个家

新年以来，元旦、春节、元宵节等佳节不断，"节日经济""浪漫经济"提振鲜花消费的热情。亚洲最大的鲜切花交易市场云南昆明斗南花市，平均每天有2200万枝鲜切花销往各地；已有百年历史的广州越秀西湖花市重新开市，恢复了花如海、人如潮的热闹。节日、纪念日赠花的传统仍在延续，鲜花消费的变化也在悄然发生。从聚焦玫瑰到百花齐放，从节庆礼品到日常消费，从馈赠他人到取悦自己，越来越多年轻人选择给自己买束花。

不为庆祝节日，不为重要场合，不挑特殊日子，不爱繁复包装，在路过街边的小花店、地铁站外的小摊点时，在生鲜超市、外卖平台买菜买零食时，随时、随手购置的一束鲜花，成为装点居家环境的软装，成为像学习、工作、吃饭一样的生活日常。在网络平台上，名为"我又买鲜花啦"的兴趣小组汇聚了超10万名花友，话题"点缀生活的鲜花"浏览量过亿。

"卖花担上，买得一枝春欲放。"给自己买束花是一种融入日常而又跳出日常的美好，既能在装饰家居时收获审美体验，也能在观赏养护中熨帖心灵。一项调查数据显示，47.6%的受访消费者表示买花是为了"装点生活环境"，近三成是为了"愉悦自己"。简简单单的一束鲜花似乎有什么奇妙的魔法，带进家门的那一刻，就点亮了家居的色彩，柔和了室内的光线，给有限的空间增添勃勃生机。无论是季节性的荷花、栀子、桂花，还是四季不断的玫瑰、百合、康乃馨，无论是产自云南、广东、江苏，还是来自荷兰、厄瓜多尔、哥伦比亚，鲜花如同一件常换常新的艺术品，彰显了购花人的生活趣味和审美品位。

一束花费不多的鲜花，就能免于种花者"弄花一岁，看花十日"的辛苦，也不像逛公园植物园那样受到天气、距离、时间的限制，而醒花、修剪、布置、换水这些恰到好处的劳动，在发挥主观能动性中强化了人与花之间的联系，让体验更完整，与自然更亲近。看着亲手照料的鲜花从含苞待放到尽情盛开，买花带来的愉悦感、获得感进一步提升，"无扦剔浇顿之苦，而有味赏之乐"。

有网友说，用鲜花装点生活，能让平凡的日子充满诗意。鲜花与诗意之间的紧密联结，厚植于中华优秀传统文化的土壤之中，为鲜花消费增添了文化的温度厚度。细细数来，有"念桥边红药，年年知为谁生"的借花怀古，有"予独爱莲之出淤泥而不染，濯清涟而不妖"的以花明志；有"花开堪折直须折，莫待无花空折枝"的以花说理，有"桃之夭夭，灼灼其华"的以花寄情。花开花谢，次第更新，不仅是季节流转的自然物候，更是历代诗文偏爱的鲜明意象。

鲜花随时买、随手买、随便买的背后，也离不开产业升级换代、交通物流完善的支撑。对于普通消费者来说，当鲜花价格高昂、种类稀缺时，不那么实用的鲜花要配合节日和大事才显得不铺张。今天，我国已成为世界上最大的花卉生产国、重要的花卉贸易国和花卉消费国。鲜花培育种植更科学、保鲜技术更先进、交通物流更发达，让鲜花更实惠。鲜花垂直电商、生鲜外卖电商开启线上卖花，鲜花包月、鲜花自动贩卖机、自助鲜花超市等新消费模式层出不穷，让买花更方便。当然，这也对丰富鲜花产品类别、提升产品质量、建立行业标准、创新消费场景提出了更高要求。

"瓶中插花，盆中养石，虽是寻常供具，实关幽人性情。"鲜花寄托了对美好生活的追求向往。正是无数个美好又平常的细节，构建起充满活力和趣味的人生；对美好生活的信心和憧憬，又投射在日常生活的细节之中。热情四射的向日葵，明媚了一天的心情；柔弱妩媚的洋牡丹，装点了出租屋的窗台；香味宜人的栀子花，给繁忙的日子增添一丝甜香。窗边案头的那束鲜花提醒着我们，生活充满活力，美好正在身边。

这正是：

朝看一瓶花，暮看一瓶花。

各花入各眼，美好留在家。

（文 | 许晴）

当前，不少上班族开启了居家"云"办公。有人"感觉良好"，没有通勤的压力，没有打卡的紧迫，免去两点一线间的往返奔波，不化妆打扮就能素面朝天开工干活。有人则直挠头，办公室里十分钟能解决的事，在家磨蹭半小时才起了个头，孩子和宠物相继"来访"，工作与生活的界限变得模糊，既不能专心工作，也无法安心放松。当工作和生活融为一体，你还能否好好做自己？

居家办公，又被称作 SOHO（"Small Office，Home Office"的首字母缩写），在 20 世纪 70 年代作为减少通勤上班的一种可行方案被提出。即时通信技术问世后，互联网产业日新月异，为居家办公提供了通信保障，也激活了灵活工作模式。SOHO 一族，一定程度上代表了活跃的新经济形态和自由的生活态度，是厌倦朝九晚五和板坐如钟后的另一种自我实现途径，带来了工作模式与生活方式的双重革新，进而衍生出创业、自雇、兼差、在职等多样化的 SOHO 办公形态。

灵活安排时间，随时切换空间，弹性的居家办公备受自由职业者青睐，但对于习惯了规律坐班的办公室白领而言，一键切换到截然不同的工作模式后，难免要经历一段自我调适的磨合期。毕竟，居家环境适宜慵懒，宽松睡衣加身，沙发上"葛优躺"，伸手就能够到小零食，还可化身"带薪撸猫"的铲屎官。如果走不出"舒适区"，就进入不了"工作区"，甚至掉进效率的"黑洞区"，工作时间直线拉长，陷入"睁眼即开工，收工就该睡"的低效循环。

有人说，居家办公是自律与自由的辩证法，提高自控力、保持专注度是应有之义；也有人说，居家办公是工作与生活的平衡木，扮演线上上班族角色的同时，还要兼顾好线下的家庭成员义务。居家办公期间，家人成为临时同事，而工作和家庭往往要求人们处于完全不同的情绪状态中，频繁的角色切换不仅影响工作效率，也可能意味着双重的心理压力。老人让你帮忙看看手机，孩子上网课又在走神摸鱼，一日三餐总得有柴米油盐……这些可能是每一位居家办公者在通往工作与生活"多面手"的过程中，都要面对和解决好的问题。

一些网友自嘲，空间小了、居家久了，容易焦虑，经常在"躺平"和"支棱"之间做"仰卧起坐"，防疫的同时还需防"抑"。对此《应对新型冠状病毒肺炎疫情心理调适指南》提出，"居家办公的返岗者，建议通过有仪式感的方式划分工作与生活的边界，如准时起床，穿戴整齐，找到一个尽量安静的地方作为工作区，清晰区分上班和下班等""如果需要与同事远程协作办公，应积极学习和磨合，降低工作方式改变带来的紧张和焦虑"。居家办公，说到底还是一个注意力分配的问题，提高专注度、减少干扰项，才能最终找到自洽、"宅"出高效。

工作的归工作，生活的归生活，既要区分开，也要兼顾好，更重要的是要相辅相成。毕竟，居家办公不仅是疫情之下的权宜之策，未来还可能成为更多公司的常态化办公方式。《中国互联网络发展状况统计报告》显示，"截至 2020 年 12 月，我国远程办公用户规模达 3.46 亿，较 2020 年 6 月增长 1.47 亿""采用远程办公的企业，其全要素生产率提高了 20% 至 30%，同时，每位远程办公的员工一年可为企业节省约 1.4 万元人民币"。其实，不仅是居家办公，哪怕是在平时，工作与生活也如同跷跷板，总是在寻找最佳平衡点。毕竟，我们不可能如科幻电视剧中那样，把工作与生活的记忆截然切割两断。也只有找到了这样的平衡点，才能让工作与生活都有自己的节奏，也都充满价值与意义。

关于工作与生活的讨论，肯定还将继续下去。希望居家办公的你经历了"微笑曲线"之后，能够安然度过心理倦怠的瓶颈期，在克服居家惰性中突破"熵增定律"，实现生活与工作的兼容。

305

这正是：

当工作，则工作，心无着于生活；

当生活，则生活，心无着于工作。

（文｜戴林峰）

快生活中，如何寻找久违的"松弛感"？

谈到生活方式，近期的一个热词是"松弛感"。找一个周末午后，当阳光正暖，落叶满地，或脚踏一辆单车，看云淡风轻树影婆娑，或品一杯手磨的咖啡，听花猫打盹的均匀呼吸。无论是在大自然的怀抱中收获一份放空的恬淡，还是在家里的沙发上独享一晌慵懒的好梦，这样的"松弛感"，你有多久没有拥有了？

在文化地图上寻觅其踪影，"松弛感"早已有之。它是陶渊明"采菊东篱下，悠然见南山"的"心远地自偏"，也是梭罗在瓦尔登湖畔的诗意栖居。当田园牧歌的山水草木成为精神桃源，当哲人笔下的"自然系生活"成为诗与远方，"松弛感"在快速发展的当代社会，是对"从前慢"的复古怀旧，也是快节奏、高效率中的"变奏变频"，正如有人所说，这是"在奔跑中调整呼吸"。

有人认为，"松弛感"需要金钱和物质的支撑，离普通人似乎有些遥远。其实，"松弛感"可以是融进点滴的生活习惯：清晨早起十分钟，便少了些上班赶路的气喘吁吁；凡事打好提前量，便多了些处理问题的从容不迫；人间烟火气，最抚凡人心，有人问你粥可温，有人陪你立黄昏，感受一餐一饭的好、一花一叶的美，都能解码寻常日子里的"松弛感"。

"每临大事有静气，不信今时无古贤。"从一定意义上说，"松弛感"是一种淡定处事的哲学。人生路上并非处处坦途，面对无常与挑战，"松弛感"不是随波逐流、碌碌无为的借口，也不是佛系随缘、游戏人生的托词，"优雅的咸鱼"逃避不了现实的焦虑，心态上的松弛不代表行动上的松懈，适时充电不妨碍前行的进度，以奋斗者的姿态兢兢业业、久久为功，这样的青春才能舒展坦荡、回味悠长。

往深里讲，"松弛感"不仅是"面子"的表现，更依赖于"里子"的积淀，它代表着一种淡泊明志的胸怀。一个人的精力有限，有所取舍方能心智笃定、轻松自在。在顺境时处优不养尊，在逆境时身穷不志短，以淡泊之心面对成败进退，进而涵养静气、彰显大气、孕育朝气。中国画自古便讲究留白的艺术，有所渲染，有所省略，恰到好处，才可达到浓淡相宜、深浅相间、相得益彰的境界。

当下，"松弛感"引发了网上关于"松"与"紧"的讨论。其实，"松"与"紧"并非是非此即彼的选项，而应该是一种辩证的关系。正如音乐，有轻柔的慢板，也有紧凑的快板，疏密之间、浓淡之间，才能成就多彩的乐章。中国古语也有言：文武之道，一张一弛。忙碌的工作和生活中偶有放松，也未尝不是一种"可持续发展"。在"松"与"紧"切换中，命运给每个人安排了各自的时区。须知，人生并非一场与他人的短跑比赛，而是一场与自己的马拉松跑。不要慌，不要急，漫漫征程比拼耐力，把握节奏，坚持到底，才能成为最后的赢家。

这正是：

一张一弛，快意人生。

（文 | 邝西曦）

坐高铁、喝咖啡、住酒店……这些日常也需要人教？

如何坐高铁、如何去医院看病、如何办银行卡、如何开煤气灶……一位短视频博主将很多看似简单的生活常识拍成科普视频，在社交网络走红出圈。不少人抱着"这也要教"的心情点进去，却在评论区看到很多温暖有爱的点赞留言。有人说"因为真的有很多人没有坐过地铁，他们真的很怕露怯"，有人说"这个视频真的太及时了，我没有坐过高铁，但是下个月我要一个人回老家了"等。

第一次坐高铁，"通常售票处旁边就是取票机，有一些城市会分开""一进来之后有一个安检的地方，把你身上所有的包、行李箱都放上去"；第一次自己去医院看病，"记得要拿上身份证、医保卡""拿到药单之后不要直接去药房，要在附近找机器，先要交费"；入住酒店要知道，"水吧的茶包、咖啡、矿泉水是免费的""小冰箱里要是有东西，那它们大概率都是要钱的"……《如何如何》系列短视频作品的内容，涵盖衣食住行方方面面。没有"居高临下"式的说教，而是以"稍微年长"朋友的身份进行暖心分享，让原本看似有些琐碎的"生活常识"科普成为不少人眼中的"社会生存学"读本，博主也被网友戏称为"社会生存学顶流"。

不论是坐高铁、公交，还是吃一次烤肉、点一杯咖啡，对一些人来说早已司空见惯，但这些都不妨碍《如何如何》系列短视频引起广泛关注和讨论。在视频的评论区，很多人惊讶地发现，自己习以为常的"日常"可能是另一些人还未经历的生活，自己下意识认为是生活"常识"的内容有的人可能要花费很大的力气才能掌握。"不是每个人一出生就生活在城市里，从小就有坐高铁和飞机的机会。"这些看上去"不用教"的知识技能科普之所以一点都不多余，是因为它们的出现帮助许多人免去了"第一次"的尴尬和困境、无助和迷茫。

其实，"知识爆炸""信息爆炸"在迅速扩张认知边界的同时，也在某种意义上让人们的知识短板加速显露出来。一直在大城市生活学习的人，去到农村可能很难分清楚狗尾巴草和谷穗的区别；习惯了喝粥吃早茶，第一次吃四川火锅在选蘸料上可能会有些迷茫；从未出过国的人第一次坐上其他国家的高铁，也许会有些手足无措……每个人或多或少都有自己触及不到的事项，也正因如此，不论自己还是看到他人在日常生活中遭遇类似微妙的瞬间时，不妨多一分坦然、多一分理解。就像《如何如何》系列短视频的作者所说的，"我的视频也许不能百分之百教会大家，但我想传递一个观念，遇到任何没接触过的事情都不要害怕"。

随着关注度越来越高，更多"过来人"加入到这场给屏幕对面的陌生人"传经送宝"的分享中来。"忘带身份证可以临时申请，上错车厢了也没关系，车厢都是互通的""地铁不小心坐过站也没关系，下车去对面坐回去就好了，不会扣钱的""很重要的一点是一个城市

310

有多个站的，东南西北站一定要看清楚""没关系，不用觉得自己没见识，都是这样过来的"……隔着屏幕的分享、顺着网线的安抚，弥合着信息的鸿沟，传递着社会的温情，也体现着互联网的价值和意义。

数据显示，截至 2022 年 6 月，我国网民规模达 10.51 亿人，互联网普及率达 74.4%，已实现"县县通 5G、村村通宽带"。通过互联网，偏远山区的孩子接受到便捷的数字教育，增长了见识、拓宽了眼界；脱贫地区的农户将特色农产品卖到了海外市场，日子越过越红火。日益提速的互联网发展背后，是对"人"的愈发关注。当经典图书《十万个为什么》转身拥有短视频生动的讲述和演绎，当退休教师杨维云奶奶在直播间笑盈盈地教成年人识字，当适老化改造切实解决老年人运用智能技术的困难，我们不难从中感受到"努力让发展成果惠及每一个人"这一信息化社会建设不变的价值旨归。

有人说，互联网像一片宽广的海洋，在潮起潮落之间将共同、丰富、醇厚的情感浸入人们的生活。在网上"冲浪"总会碰到风高浪急的情况，但冲浪者始终没有放弃对如何更好驾驭这片海域的思考和探索。这个开放性的问题或许没有唯一的答案，但让互联网在向上向善中"看到"更多人、"点亮"更多人，无疑是需要牢牢扣住的解题思路。

这正是：

初出茅庐，"不会"无妨。

"如何""怎样"，都来帮忙。

（文 | 邝川）

311

312 　　最近，一个名为"给妈妈买衣服"的网络论坛小组走红。近 6 万名自称"小棉袄"的组员深入研究"妈妈衣服学"，认真分析适合妈妈的服装、版型、面料，分享真实的"买家秀"和"妈妈优选"，相互给出网购服装的经验建议，致力于"给全世界最漂亮的女人买衣服"。

　　给妈妈买衣服，不少网友曾经踩过坑。买来的衣服妈妈不喜欢，觉得不合适，又怕伤了孩子的心，也嫌退换货麻烦，只好闲置在家里。当越来越多网友分享彼此给妈妈买衣服的经验，这件事似乎逐渐变得简单起来。比如，有网友传授选衣服的小细节：要看针脚是否细腻平实、扣子质量好不好、拉链拉起来是否流畅等。也有网友教大家破译"密码"："妈妈说的不要太艳是什么艳，不要太花是什么花"。还有网友总结道：妈妈们不喜欢小圆领也不喜欢大领口，最好是大小适中的 V 领、翻领、立领；妈妈怕无袖短袖显得手臂粗，超过上臂一半的七分袖最好……接连不断的热烈讨论中，网友们毫无保留地投入、充满心意地认真，显得格外真诚动人。

"衣如其人"，给妈妈买衣服这件事看似日常，其实是一种亲密的情感互动。要买到合适可心的衣服，不仅要了解妈妈外在的身高体重、尺码维度，更要了解她们内在的生活习惯、爱好审美。是追求活泼俏皮的碎花，还是选择端庄素净的纯色；是喜欢真丝羊绒的光彩，还是在意棉麻化纤的实用；是欣赏长风衣白衬衫的随性，还是青睐针织衫小黑裙的优雅。正所谓"不贵精而贵洁，不贵丽而贵雅，不贵与家相称，而贵与貌相宜"。无论给妈妈买什么衣服，重要的不是品牌或价格，而是在不断加深的认识理解中，帮助妈妈找到自信舒适的穿衣感。

当然，网友不只在网上研究给妈妈买衣服，"给爸爸买衣服""给家人买衣服"等话题的讨论度也很高。一件件衣服，总是在寒来暑往中传递着委婉含蓄的关爱。小时候，父母带着去商场买件漂亮新衣服，是多少孩子的童年快乐；长大后，父母总叮嘱孩子多买点衣服，却说自己"不缺衣服，不用给我买"。给家人买件衣服，是把没说出口的爱意化为具体的行动，为长短厚薄的衣物注入亲情的温暖。穿着孩子买的衣服，人在千里之外，爱却在咫尺之间。不少网友说，爸妈嘴上嫌弃地说"没必要""乱花钱"，其实早已雀跃地穿着新衣服出门炫耀，在一次次"抱怨"中，等着亲朋好友一迭声地说，"孩子真孝顺""穿着真精神""在哪买的，让我孩子也给我买一件"。

有时候，一件来自子女的衣服，不仅是遮风避雨的庇护，更是呼风唤雨的铠甲，隐藏着为家人实现梦想、弥补遗憾的"超能力"。一位网友的妈妈平时做保洁，从没机会穿裙子。收到孩子精心挑选的新裙子后，她骄傲地穿来大城市参加孩子的毕业典礼。另一位网友的妈

313

妈当年结婚时家里条件不好，没有穿婚纱，也没拍婚纱照。当这位网友听妈妈说邻居阿姨补拍了婚纱，也抓紧网购婚纱，为妈妈操刀了一套婚纱照，依靠自己的力量弥补了妈妈的遗憾。

"衣食住行"，"衣"排在第一位，足见其地位重要。在我们的文化中，衣服是一种意义独特而内涵丰富的存在。从"慈母手中线，游子身上衣"到"寒衣针线密，家信墨痕新"，衣服常与亲情相互关联。"衣，依也。"一件衣服，不仅是"人所以依以庇避寒暑"的物件，更蕴含着人与人之间依恋依赖的亲密关系。"雏既壮而能飞兮，乃衔食而反哺"。我们乐于见到，这种互动滋养着彼此记挂的深厚和温暖，见证抵过时光的温柔与浪漫。

这正是：

衣裳有厚薄，人情有冷暖。

乌鸦知反哺，父母添新衣。

（文 I 许晴）